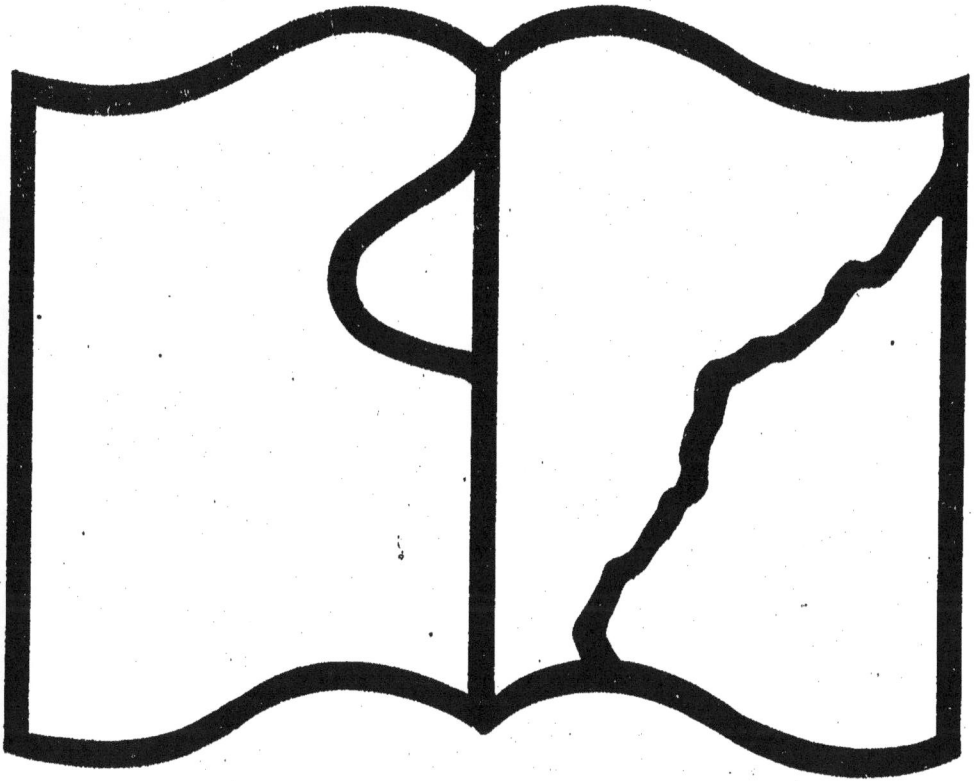

Texte détérioré — reliure défectueuse

**NF Z** 43-120-11

Symbole applicable
pour tout,ou partie
des documents microfilmés

# ENTRETIENS

## SUR LA

# LIBERTÉ DE CONSCIENCE

# OUVRAGES DU MÊME AUTEUR

PREMIÈRES NOTIONS D'HISTOIRE NATURELLE, 19e édit.    3 50

—      DE COSMOGRAPHIE, 4e édit......    1 50

—      DE PHYSIQUE, 3e édit.........    3 50

SIMPLES DISCOURS SUR LA TERRE ET SUR L'HOMME.
   in-18 (couronné par l'Académie française).....    3 »

*Livres de lecture illustrés pour distribution de prix*

DE L'INSTINCT ET DE L'INTELLIGENCE, (couronné par
   l'Académie française).......................    2 50

MENUS PROPOS SUR LES SCIENCES, 6e édit. in-18....    3 50

LES INFINIMENT PETITS, in-8º.....................    1 50

L'ORIGINE DES ÊTRES VIVANTS, 2e édit. in-8º......    2 50

TABLEAUX GÉOGRAPHIQUES, la collection..........,...    15 »

—   ASTRONOMIQUES,    —    ..........,...    10 »

Ces Ouvrages ont été couronnés par la Société élémentaire, adoptés pour être donnés en prix dans les écoles de la Seine et admis par la Commission ministérielle pour les bibliothèques populaires, scolaires et de quartier.

CHATEAUROUX. — TYP. ET STÉRÉOTYP. A. MAJESTÉ.

# ENTRETIENS

## SUR

# LA LIBERTÉ

## DE CONSCIENCE

### PAR

## FÉLIX HÉMENT

Inspecteur général honoraire de l'Instruction publique
Lauréat de l'Académie française et de l'Académ'e des Sciences morales
et politiques

### AVEC UNE LETTRE DE JULES SIMON

## PARIS

LIBRAIRIE ACADÉMIQUE DIDIER
PERRIN ET C¹ᵒ, LIBRAIRES-ÉDITEURS
35, QUAI DES GRANDS-AUGUSTINS, 35
1890

## A Monsieur Jules Simon

MONSIEUR ET CHER MAITRE,

J'ai si largement puisé dans vos œuvres pour en tirer la matière de ce petit volume que je serais heureux si vous m'autorisiez à vous le dédier. Il me semble que je m'acquitterais ainsi en partie de ce que je vous dois, sauf toutefois de la reconnaissance que je désire vous garder toujours.

J'ai été si profondément touché de voir dans votre beau et bon livre, *La liberté de conscience*, avec quelle généreuse ardeur vous défendez les opprimés de tous les temps et de tous les pays, que j'ai voulu tenter, en donnant à mon modeste travail une forme élémentaire et des dimensions réduites, de répandre les principes que vous avez exposés en les accompagnant de développements éloquents.

Daignez recevoir, Monsieur et cher maître, l'assurance de mon respectueux dévouement.

FÉLIX HÉMENT.

Mai 1890.

*A Monsieur Félix Hément,*

Oui, cher Monsieur, j'accepte votre offre avec grand plaisir. Je suis toujours prêt à défendre le principe sacré de la liberté de conscience, si singulièrement menacé aujourd'hui ; et toujours prêt aussi, cher monsieur, à vous témoigner ma bonne amitié.

JULES SIMON.

Mai 1890.

# AVANT-PROPOS

Ce petit livre est une œuvre de vulgarisation. Il n'est pas entré dans ma pensée de traiter de la liberté de conscience comme pourrait le faire un philosophe de profession. Que pourrait-on ajouter d'ailleurs à ce qui a déjà été dit avec autant de force que d'éloquence[1]? Il m'a paru qu'on n'avait pas encore tenté de présenter la question sous la forme simple, accessible, familière et néanmoins précise et nette qui convient au grand public; qu'on ne l'avait pas vulgarisée dans le sens qu'on donne à ce mot.

1. Voltaire, *De la tolérance* ; Jules Simon, *La liberté de conscience.*

Or, il y a une nécessité pressante de le faire : ne faut-il pas combattre la détestable influence exercée sur la masse par les excitations incessamment renouvelées à la persécution et à la spoliation, excitations qui dissimulent mal, sous un masque de générosité, l'impuissance, l'envie et la haine. On ne saurait se désintéresser de ces attaques; à la longue l'effet s'en produit, particulièrement chez les esprits peu cultivés qui s'alimentent d'un petit nombre d'idées auxquelles ils s'attachent opiniâtrément.

En second lieu, il n'est pas difficile de voir que l'éclat de la période scientifique actuelle a ébloui les esprits au point de leur inspirer une foi trop absolue dans la toute puissance de la Science. Du coup, la métaphysique est tombée dans le discrédit, et a perdu de la faveur publique tout ce que la science a gagné. Aussi les esprits sont-ils quelque peu dévoyés, flottants, incertains, faute d'un petit nombre de principes fondamentaux.

D'ailleurs, tous les hommes n'ont pas les loisirs nécessaires ni la préparation intellectuelle suffisante pour se livrer à une étude approfondie des questions philosophiques, et tous ont cependant besoin d'un certain nombre de notions premières claires et nettes que le sens commun permet de comprendre et à l'aide desquelles la conscience peut juger.

Nous espérons justifier, par les motifs que nous venons d'énoncer, notre tentative de vulgarisation, et faire excuser notre hardiesse par le désir que nous avons d'être utile.

F. H.

# ENTRETIENS

## SUR LA

# LIBERTÉ DE CONSCIENCE

Vous n'avez pas connu le père Antoine ?

Le père Antoine était un bonhomme d'allure simple, spirituel et fin, mêlant à ses entretiens, toujours pleins de bon sens, une pointe d'ironie qui en était le condiment. Il avait appris le peu qu'il savait en observant les hommes et les choses. Obligé de gagner sa vie de bonne heure, de gagner aussi celle de ses vieux parents, il avait eu, dans sa jeunesse, peu de loisir pour apprendre et peu

1

d'argent pour acheter des livres. Il avait dû écouter beaucoup, observer avec attention et former lui-même son jugement.

Tout le monde dans le village de X connaissait le père Antoine ; il était estimé de tous et on avait souvent recours à ses conseils. Il aimait à s'asseoir, le dimanche, sur un banc de la place publique, au milieu d'un groupe toujours nombreux d'habitants qui prenaient plaisir à l'entendre et à causer avec lui.

Tous les sujets lui étaient bons, et toujours il faisait quelque réflexion originale et donnait quelque avis utile, car maintenant il avait le temps de lire et pouvait ainsi, par ses lectures, éclairer et fortifier son bon sens natif.

Donc le père Antoine venait de s'asseoir à

sa place accoutumée; les promeneurs s'étaient peu à peu rassemblés autour de lui, et, après l'échange de quelques poignées de main et des banalités sur le temps et la santé, l'entretien commença.

Un marchand israélite était venu s'établir dans le pays et se trouvait dans le groupe qui entourait le père Antoine. Celui-ci l'aperçut et l'interpellant :

—Eh bien, mon ami, lui dit-il, pensez-vous qu'il y a un siècle, vous auriez pu, ainsi que vous le faites, vous mêler à nous, sans avoir à craindre quelque avanie ?

— Certes non, père Antoine, répondit le marchand, et, sans remonter si haut, j'ai bien

souffert, à l'école, des malices et même des
méchancetés de mes camarades. Les uns me
disaient des injures, d'autres me forçaient à
saluer le crucifix. Il n'y avait pas de petites
misères qu'on ne me fît endurer et qui ne
me causassent de réelles douleurs.

— Les habitants des grandes villes, reprit
le père Antoine, ne se doutent guère combien
les haines religieuses en général, et surtout
les préventions contre les juifs sont encore
vivaces dans certaines régions de notre pays,
particulièrement dans les petites localités.
Même à Paris, malgré l'adoucissement des
mœurs et l'indifférence en matière religieuse, on s'aperçoit à chaque instant que
des gens, d'ailleurs instruits, ne sont pas com-
plètement dégagés de préjugés. Il n'est pas
rare d'entendre dire : « c'est un juif ! » à pro-

pos d'une personne appartenant en effet à la religion juive, mais lorsqu'il ne s'agit nullement de questions religieuses.

On a vu parfois dans les villages du midi de la France, des gens animés d'un esprit de prosélytisme aveugle et inhumain, des religieux même, chercher à ravir des enfants à leurs parents pour leur imposer le baptême et les enlever ensuite à leur famille.

Dans ces derniers temps, en Serbie et en Roumanie, des scènes déplorables de violence se sont produites contre les juifs et montrent combien les haines religieuses et les préjugés persistent encore[1].

En Espagne, tous les habitants non catholiques ont été chassés. Les Maures d'abord, les juifs et les protestants ensuite. Du

1. Loeb, *Situation des israélites en Turquie.*

même coup, on frappait l'agriculture, l'industrie, le commerce, les finances et les
arts. Aujourd'hui, l'Espagne répare ses fautes et ses injustices et verra sans doute re-
naître sa prospérité [1].

Une nation civilisée compte toujours dans
son sein des hommes qui, par leur ignorance,
semblent appartenir à des époques plus ou
moins reculées; les hommes qui la composent

---

1. « Les Juifs étaient puissants : l'industrie, le commerce, les finances étaient entre leurs mains. Ils se
trouvèrent aux prises avec l'ignorance et l'envie. Ils cul-
tivaient avec succès les sciences, les lettres et la médecine. Des meurtres innombrables précédèrent leur expulsion. A la suite, plusieurs villes se trouvèrent sans
médecins et sans hommes de loi : il fallut en faire venir
à grands frais du dehors. L'expulsion des Maures avait
ruiné l'agriculture, celle des Juifs, le commerce, l'industrie et les finances. C'étaient des mesures aussi barbares qu'impolitiques. » (Graetz, *les Juifs d'Espagne.*)

ne sont pas tous civilisés et ne le sont pas au
même degré. Aussi des actes de sauvagerie
sont-ils commis en plein foyer de civilisation
et prouvent-ils que l'intolérance n'est pas près
de disparaître.

Réjouissons-nous, mes amis, de ce qu'en
France les divisions religieuses sont moins
accusées, les préjugés moins tenaces, les cultes plus libres que dans les autres pays civilisés.

— Croiriez-vous, vous autres, continua le
père Antoine, en s'adressant à ceux qui l'entouraient, qu'il existe encore des États en
Europe où les personnes qui professent un
culte différent de celui de la majorité, ne peuvent pratiquer leur religion ouvertement.

Les juifs, sont plus particulièrement encore l'objet d'odieuses vexations. Des quar-

tiers déterminés leur sont assignés dans
les villes, ils paient des impôts particuliers
et d'un caractère ridicule ou odieux. Ils sup-
portent toutes les charges mais ne jouissent
pas de tous les avantages. Toutes les carrières ne leur sont pas ouvertes, le plus souvent
ils ne peuvent prétendre ni aux emplois publics ni aux grades dans l'armée; les joies
de la famille même leur sont mesurées. Non
contents de ces injustices, les Chrétiens y
ajoutent les mauvais traitements.

Les hommes ne sont pas intolérants seulement dans les questions religieuses; ils ap-
portent le même esprit dans les discussions
philosophiques et politiques. L'intolérance
est une disposition de l'esprit à ne pas suppor-
ter des opinions contraires aux nôtres et par
suite à vouloir imposer celles-ci par la force

à ceux qui ne les partagent pas. Intolérance et persécution vont de compagnie : c'est l'injustice avec la cruauté. L'adoucissement des mœurs nous a rendus moins cruels, il ne nous a pas rendus plus tolérants. Pour bien faire saisir le caractère odieux de l'intolérance, poursuivit le père Antoine, il est nécessaire avant tout d'exposer les principes sur lesquels repose la légitimité de la liberté de conscience.

# LA LIBERTÉ DE PENSER

Le père Antoine avait beaucoup réfléchi,
parcouru les rares mais bons ouvrages qu'il
possédait. Il se proposait d'instruire les braves gens qui l'entouraient et de leur expliquer ce qu'on entend par ces mots « *liberté
de conscience* », il prit la parole sur un ton
grave qui ne lui était pas habituel et qui
convenait au sujet qu'il allait traiter.

*⁂*

Le propre de l'âme, dit-il, est de penser;
elle n'existe que comme chose pensante. On

ne saurait la concevoir ne pensant pas ; ce serait comme un corps vivant sans la vie. Si vivre c'est agir, cela est vrai de l'âme comme du corps ; et, pour l'âme, agir c'est penser.

Ceux qui ne croient pas à l'existence de l'âme ne se montrent pas logiques en réclamant la liberté de penser, car lorsqu'on torture le corps pour avoir raison de l'âme, celle-ci ne doute pas de son indépendance. Elle se sent bien « maîtresse du corps qu'elle anime, » puisqu'elle peut étouffer les cris que la souffrance lui ferait jeter. Jamais on ne voit mieux la distinction des deux éléments dont nous sommes formés que lorqu'ils entrent en lutte, et que l'âme parvient à dompter le corps. Lorsque par exemple, en face d'un danger, la peur nous prend, que tout notre corps tremble et que, pourtant, nous commandons à notre corps et le forçons à obéir, comment mettre en doute et le combat qui se livre en nous et la victoire de l'âme ? Existe-t-il un animal autre que l'homme qui s'avance volontairement, comme le martyr, ou le soldat, au devant d'un péril certain, connu et redoutable « malgré toute la disposition du corps qui s'oppose à ce dessein et qui marque un principe supérieur au corps [1] ! »

Nous sommes un corps uni à une âme, mais l'âme n'a pas seulement la prépondérance ; ce ne sont pas deux associés égaux en droits différant uniquement par leur nature. Nous sommes surtout une âme, puisque c'est l'âme qui crée le corps, le construit, se l'adapte comme la coquille au mol-

---

1. Bossuot, *De la connaissance de Dieu et de soi-même.*

lusque; elle gouverne l'évolution du germe,
dirige les éléments matériels dont il se nour-
rit et leur assigne à chacun sa place. Elle forme pour ainsi dire le corps à son image, et,
après l'avoir formé, pourvoit à son entretien
et veille à sa conservation [1].

.Sa puissance n'éclate-t-elle pas, lorsque
malgré un corps débile, l'homme peut ac-
complir de grandes actions.

Elle est seule maitresse et seule agit d'elle-

[1]. Pendant toute la durée de l'évolution de l'œuf, on voit
dans le travail qui s'accomplit, dans les transformations
qui s'opèrent, dans le développement qui se poursuit la
marque d'une loi et d'une pensée antérieures... Rien ne
saurait faire soupçonner au début les futures destinées
de l'atome vivant en apparence si modeste... Déjà les
éléments minéraux se rassemblent et se disposent avec
ordre. Bientôt apparaît l'ébauche de l'être ; en quelques
traits se trouve fixé le contour du corps et des organes...
Ainsi que le paysage enveloppé dans les brouillards du

même ; le corps est sous sa dépendance. Il lui a été donné comme un instrument, comme un intermédiaire entre elle et la Nature afin de connaitre celle-ci. Notre individualité, notre personnalité est dans notre âme ; aussi, est-elle seule responsable. Il ne nous est jamais venu à la pensée d'attribuer nos actions à notre corps, de le louer des bonnes, de le blâmer des mauvaises. C'est en nous, dans notre for intérieur, que nous sentons le plaisir d'avoir accompli les premières ou la dou-

matin se découvre à mesure que le soleil dissipe les vapeurs, de même, du sein d'une masse confuse se dégage tout l'appareil de la vie. On dirait le monde naissant du chaos... L'être une fois formé, il se conserve et se développe lui-même. « Quoi qu'on fasse, dit Paul Bert, qui n'est point suspect, l'idée d'un principe coordinateur et directeur s'impose à l'esprit. »

(Félix Hément, *Simples discours sur la Terre et sur l'homme*.)

leur d'avoir commis les autres. La liberté de
penser se confond avec celle d'exister. La
liberté de conscience est donc sacrée, invio-
lable comme la personne même dont elle est
la suprême manifestation. Que sont en regard
et la vie et les biens terrestres ! C'est un
mal sans doute de nous dérober nos biens,
un plus grand encore de torturer notre corps,
mais combien moins grand que les attentats
contre la liberté de la conscience !

Eh quoi, il n'est pas permis de tuer ; la
loi punit le meurtrier ; comment aurait-on
le droit, non de tuer l'âme, puisqu'on ne saurait l'atteindre, et qu'elle est immortelle,
mais seulement d'en empêcher les manifestations, d'essayer de la contraindre, de tenter de supprimer sa liberté ! Ceux qui atten-
tent à la liberté de conscience sentent si bien

leur impuissance qu'ils usent de subterfuges pour vaincre les résistances et ne pouvant donner l'assaut à la forteresse, imprenable directement, ils la minent sourdement, ils assiègent l'âme par des craintes ou des espérances, ils la trompent, la troublent, la gagnent peu à peu après l'avoir avilie.

**La conscience.** — Nous n'avons pas toujours été si profondément pénétrés de ces vérités dans le cours de notre vie, et l'humanité non plus, aux diverses époques. Jusqu'à l'âge de deux à trois ans, nous n'avons eu qu'une mémoire en puissance, un germe de mémoire si l'on peut parler ainsi; il ne nous est resté aucun souvenir de ce qui se passait en nous et autour de nous pendant ces premières années d'existence inconsciente. Ce que nous en savons nous a

été rapporté par nos parents ou par les personnes qui en ont été les témoins. Tout en-
tiers aux choses du présent, nous étions
incapables d'éprouver le souci d'un passé
oublié au fur et à mesure, ou la crainte d'un
avenir encore ignoré.

A un certain moment de notre vie, une
lueur s'est produite dans notre esprit comme
l'aurore qui annonce le jour. Nous avons eu
vaguement le sentiment de notre existence.
Nos premiers souvenirs commencent avec cet
éveil de notre conscience.

Cette vague clarté est devenue de plus en
plus nette. Nous avons alors distingué nos
actions en bonnes et en mauvaises, les premières nous paraissant mériter des éloges,
et nous causant une satisfaction, les autres
encourant un blâme et nous faisant éprouver

une douleur. Nous avons discerné le bien et le mal et nous nous sommes sentis responsables. Cette évolution s'est produite tout naturellement, et avec continuité, comme celle de notre corps, comme se succèdent sur la même plante la fleur et le fruit. A la conscience de notre existence, s'est pour ainsi dire superposée la conscience morale qui la complète. Nous étions déjà chacun une personne, nous sommes devenus une personne morale, ce qui est le propre, la caractéristique de l'homme.

De même que le lapidaire transforme un caillou informe et sans éclat en une pierre précieuse, en dégageant par la taille les facettes dissimulées sous la surface rugueuse, et en donnant ainsi à la pierre son éclat et son prix, de même nous devons développer dans notre âme les qualités qu'elle contient en puissance et auxquelles nous serons redevables de notre valeur morale ; le degré d'affinement de leur conscience marque seul la différence entre les hommes.

**Liberté du culte.** — En même temps que nous avons eu la pensée en partage, nous avons reçu le moyen de l'exprimer par le langage. C'est là une opération tout à la fois intellectuelle et matérielle par laquelle nous rendons notre pensée. Le langage est la pensée extériorisée, si l'on ose parler ainsi. Cela seul suffirait à prouver que l'homme est un être sociable, car pourquoi exprimerions-nous notre pensée si ce n'était pour la faire connaître aux autres. « L'homme étant une substance dont toute l'essence ou la nature n'est que de penser[1], » il n'est pas moins

1. Descartes, *Discours de la méthode.*

logique de rendre sa pensée que de penser ;
ce sont deux modes d'un même acte, l'un
interne, l'autre externe. Cela est si vrai que
ceux là même qui n'emploient pas la parole,
comme certains sourds-muets, expriment
leur pensée par d'autres moyens. De même
la liberté de conscience et ses manifestations
ne font qu'un. Or, la foi se manifeste par le
culte, donc liberté de conscience et liberté
du culte ne sont qu'une seule et même liberté.
La foi qui n'agit pas peut être sincère, quoi
que dise le poète, mais elle est incomplète.
Nous ne pouvons d'ailleurs nous empêcher de
la confesser, nous essayerions en vain de nous
contraindre ; nous souffririons de notre si-
lence comme de la faim et de la soif.

J'ai une foi et je prie, la prière interne peut suffire, elle ne suffit pas toujours, ni à tous les esprits. La prière collective satisfait à d'autres besoins de l'âme ; la musique y ajoute un charme particulier. Prier n'est pas nécessairement quémander, supplier, c'est aussi exprimer son admiration, sa reconnaissance, son dévoûment, son enthousiasme, son amour. C'est encore un moyen de se fortifier et de se rendre capable à un moment donné d'actions extraordinaires ; la prière rend, en l'exaltant, l'âme plus énergique et plus fière. Elle enflamme les cœurs, elle donne le courage et la force. Elle nous remue profondément comme un discours éloquent, comme un hymne patriotique et semble prêter des ailes à notre âme et la détacher du corps.

Je puis prier seul, sans témoins ; je puis également associer ma famille et mes serviteurs à ma prière. Les effets ne sont pas les mêmes dans les deux cas. L'homme est l'animal sociable par excellence car s'il forme, comme les animaux, des sociétés destinées à assurer sa sécurité matérielle, il contracte aussi des associations purement morales dans un but absolument désintéressé. Là où il est seul il n'est pas tout entier. Ses relations avec ses semblables développent en lui des facultés qui, autrement, resteraient passives. De même que le frottement des corps dégage la chaleur ou l'électricité, celui des âmes échauffe les esprits, les électrise, les fortifie et les élève. Après une prière faite en commun, les âmes sont plus étroitement unies, plus portées à l'enthousiasme, aux

épanchements et au dévouement. Il y a entre
elles une communauté plus parfaite de sentiments, les âmes particulières se résument en
quelque sorte dans une âme générale qui résulte de leur communion, de leur fusion, pour
ainsi parler. C'est une force créée, un sou-
tien auquel l'homme attache avec raison un
grand prix, car il sent sa faiblesse et le besoin qu'il a d'appui plus encore que de liberté.

Comparez cet effet réconfortant de la
prière ou d'un beau et noble discours écouté
en commun à l'action dissolvante des disputes violentes et passionnées de certaines
réunions, de certaines séances d'assemblées
politiques !

Je puis prier dans ma demeure ou dans

des édifices spécialement consacrés au culte ; encore dans ce cas, les effets ne sont pas identiques. Ne sommes-nous pas soumis à l'influence du milieu ? Or, si l'atmosphère ambiante exerce sur nous l'action physique à laquelle tous les animaux sont soumis le milieu produit en outre sur nous un effet moral. Tandis que la brebis éprouve des sensations de bien-être d'un air pur, d'une température douce, d'un gras pâturage, et en retire des avantages matériels, elle demeure insensible au charme du paysage et à la beauté du ciel. Elle n'est pas comme nous douée d'une vie intérieure qu'un rayon de soleil épanouit et qu'un orage attriste, qui nous rend sensibles aux beautés de la nature et de l'art, aussi bien qu'à la grandeur de la science. Ces chants religieux qui s'élèvent,

simples, graves et doux, que les voûtes du
temple réfléchissent en nombreux échos, con-.
tribuent à nous plonger dans un attendrisse-
ment profond que seuls parmi tous les êtres
nous sommes en  état d'éprouver, puisque
seuls nous les avons créés.

Enfin, la prière affecte des formes diverses : au plus grand nombre, aux natures
simples, il faut des formules toutes faites et
très accessibles, comme on  leur présente,
quand on veut les instruire, les connaissances
humaines sous une forme élémentaire afin de
les leur faire comprendre.

Pour  les esprits cultivés, la  prière peut
consister dans la méditation, la lecture et l'in-

terprétation des grands écrivains et surtout des poètes et des penseurs ; dans l'étude de la nature, l'observation des lois universelles et la contemplation des beautés. « Les cieux racontent la grandeur de Dieu, » dit le poète, et Voltaire a pu dire avec raison que « Newton démontre Dieu ».

Quelle que soit la nature et la forme de la prière, qu'elle soit privée ou publique, dite dans la retraite ou dans le temple, accompagnée ou non de manifestations diverses, avec ou sans appareil pompeux, c'est ce qui constitue le culte, dont la liberté est étroitement liée à la liberté de conscience.

Liberté de penser, liberté de conscience, liberté des cultes sont les diverses expressions d'une liberté unique qu'on pourrait appeler la liberté de l'âme ou simplement la liberté.

# MORALE ET DOGME

Dans toutes les religions et dans toutes les philosophies se trouve une partie commune, la *morale*. Tous les hommes sont d'accord sur la nécessité de pratiquer le bien, de s'interdire le mal. Ils peuvent différer sur le fondement de la morale, non sur la morale elle-même. Sur ce point, il y a communauté de sentiments ; ils se sentent unis par des liens fraternels et forment une même famille.

Il y a une autre partie, non commune, le *dogme*, c'est-à-dire l'ensemble des vérités révélées et de celles qui en découlent d'une manière évidente. Chaque religion a ses dogmes qui sont naturellement les seuls vrais pour les fidèles appartenant à cette religion.

C'est à propos du dogme que naissent les disputes, les divisions entre les hommes, les haines invétérées, qui entraînent les cruautés de toutes sortes. Certes si l'on juge de l'arbre par ses fruits, tant de maux ont été la conséquence de l'interprétation des dogmes que cela seul devrait suffire pour en laisser l'interprétation libre.

Malgré ces divergences, la paix régnerait parmi les hommes, n'était la tendance naturelle, et d'ailleurs légitime, qui les porte au prosélytisme. Ils dépassent les limites de leur droit, en voulant imposer par la force ce qu'ils ne devraient obtenir que par la persuasion.

Nous avons droit à la liberté de penser et

d'exprimer notre pensée. La discussion est une conséquence toute naturelle de ce droit ; mais précisément parce que les dogmes offrent matière à discussion, on en doit conclure qu'ils n'ont pas l'évidence des vérités géométriques. La somme des trois angles d'un triangle est égale à deux angles droits pour tous les hommes, de tous les temps et de tous les pays. Depuis que cette proposition est connue, elle n'a pas été modifiée et ne le sera jamais. Il n'en est pas de même des propositions métaphysiques : on en a discuté, on en discute et on en discutera toujours. Dès lors, nul ne peut prétendre imposer sa foi ; tous doivent apporter dans la controverse une grande bienveillance, avec le plus grand respect pour les convictions d'autrui. Saint Augustin a dit avec raison : « Dans les choses

» certaines, l'autorité, dans les douteuses ou
» discutables, la liberté, en tout charité[1]. »

Puissent les hommes s'inspirer de cette
maxime, puissent-ils s'attacher à tout ce qui
les unit et fuir tout ce qui les divise. Si de
la discussion jaillit la lumière, encore faut-il
que la lumière puisse être faite.

Que pouvons-nous d'ailleurs demander au
dogme que la morale ne nous enseigne et
d'ailleurs combien peu sont capables de l'in-
terpréter. Ne pouvons-nous pas être des enfants dociles et respectueux, des parents
dévoués et tendres, des amis fidèles, des
patriotes ardents, des hommes charitables,
rien que par la douce et pénétrante influence
de la morale ? Le reste, la foi, nous regarde
seuls. C'est une singulière contradiction que

1. Saint Augustin, *La Cité de Dieu*, L. VI, ch. x, xi.

de discuter, c'est-à-dire de vouloir décider par la raison dans les choses de la foi.

« Il en est de la religion comme de l'amour, dit Amelot de la Houssaye, le commandement n'y peut rien faire, la contrainte encore moins ; rien de plus indépendant que d'aimer et de croire [1]. »

Aime Dieu de tout ton cœur et ton prochain comme toi-même, voilà qui résume excellemment la loi morale. Aimer Dieu, c'est aimer le beau, le vrai et le bien, c'est aimer la justice et la charité, c'est pratiquer la vertu, c'est aussi aimer son prochain.

La morale rend l'intolérance impossible.

Si la liberté de chacun est respectée, si tous se sentent également protégés par des lois

1. (Amelot de la Houssaye, sur les *lettres du Cardinal d'Ossat.*)

3

équitables, les minorités ne songeront pas à former des groupes isolés, étroitement unis pour la défense commune contre les injustices des majorités ; elles ne constitueront pas de petits états dans l'Etat. Laissez chacun croire comme il l'entend, laissez-le adorer Dieu dans son temple, et avec les formules, le culte qu'il préfère ; que nul ne s'arroge le le droit de posséder seul la vérité et de vouloir l'imposer aux autres, mais que tous s'appliquent à prouver par leurs vertus la supériorité de leur morale.

\*
\* \*

Le père Antoine avait parlé avec une gravité douce. Par moments il s'était animé et on eût dit alors qu'il puisait dans la grandeur et la noblesse de son sujet des forces et un accent inaccoutumés. Aussi ses auditeurs étaient-ils profondément émus par cette parole ardente et sincère.

Et maintenant, continua-t-il, que nous sommes bien convaincus du respect auquel a droit la conscience, il nous faut passer en revue les nombreux attentats commis contre elle, aux diverses époques et chez les divers peuples, afin de nous rendre compte des maux qui en ont été la conséquence.

# LES PERSÉCUTIONS

Il est long le martyrologe des hommes victimes de leur fidélité à leur foi. On peut dire
que les persécutions ont commencé avec
l'apparition de l'homme et qu'elles ne fini-
ront qu'avec lui. Si haut qu'on remonte dans
les siècles passés, on en trouve la trace.

**Chez les Syriens.** — L'histoire parle de
l'admirable constance des Machabées persécutés par Antiochus, et qui jusqu'aux plus
jeunes enfants confessèrent héroïquement
leur foi, malgré une cruelle torture, soute-
nus et encouragés par leur mère.

**Chez les juifs.** — Les Juifs ont pu être

persécuteurs à l'époque brillante de leur histoire, cependant rien dans la Bible n'autorise cette hypothèse. Il y est question de châtiments pour les rebelles et les transgresseurs de la loi, de guerres avec les peuples voisins, mais non de persécutions proprement dites, inspirées par un prosélytisme aveugle. Eux, au contraire, ont été constamment persécutés depuis l'époque lointaine de leur dispersion jusqu'à nos jours, précisément par les peuples qui tiennent d'eux leurs lois religieuses. Comment tant de haine et si persistante a-t-elle pu être provoquée ? Peut-être pourrait-on, non la justifier, mais l'expliquer par des raisons diverses. D'abord la persuasion où ils sont d'être l'objet de la préférence divine, la croyance qu'ils ont en l'intervention directe de Dieu dans leur gouvernement, la certitude de posséder la vérité révélée par Dieu même, et d'avoir une histoire reliée à celle du monde par une origine commune, tout cela était de nature à les enorgueillir et à leur inspirer quelque dédain pour les nations étrangères qui, par réciprocité, leur auraient témoigné de l'antipathie. Ensuite, leur vie patriarcale, leur sobriété, leur activité laborieuse et leur énergie, conséquences de l'obéissance absolue à leur loi, leur assurait des avantages de nature diverse qui devaient les faire jalouser de leurs voisins. Enfin, leur isolement volontaire les signalait à l'attention et ne leur permettait pas d'être ignorés et oubliés.

**Chez les Grecs.** — Les Grecs ont connu l'intolérance et les persécutions. Vous avez tous, présente à la pensée, la mort de So-

crate. Vous savez qu'il but la ciguë pour
avoir, disaient ses accusateurs, nié l'existence des Dieux et corrompu la jeunesse[1],
lui qui personnifiait le bon sens exquis, lu-
mineux, spirituel, lui qui enseignait une
morale si pure et si élevée, et dont la vie
était irréprochable. On s'étonne que ces choses se soient passées sous le siècle de Périclès, lorsque la Grèce était à l'apogée de sa
gloire, mais la surprise est moins grande, si
l'on observe que la Grèce devait son éclat
à un petit nombre d'hommes éminents et

1. « L'acte d'accusation est ainsi conçu :

« Mélitus, fils de Mélitus, du bourg de Pithos, accuse
Socrate, fils de Sophronisque, du bourg d'Alopèce. Socrate
est coupable en ce qu'il ne reconnaît pas les dieux de
la république, et met à leur place des divinités nouvelles ; il est coupable en ce qu'il corrompt les jeunes
gens. — Peine : la mort. » (Jules Simon, *La vie et la mort
de Socrate.*)

tenait son intolérance de la foule légère,
ignorante et mobile. Enfin les hommes par
qui Socrate fut condamné n'étaient pas des
juges sérieux.

« Libéraux et intolérants, dit Jules Simon,
superstitieux et incrédules, indifférents et
cruels, voilà les juges de Socrate. »

« C'était Mélitus, prête-nom de Lycon, ora-
teur influent du parti démocratique, et surtout Anytus, corroyeur de son métier, homme riche et puissant. Ce dernier avait été
l'ami de Socrate et l'avait même prié de donner des soins à son fils. Depuis il en était de-
venu l'ennemi implacable ; Mélitus avait
aussi accusé Périclès.

» Socrate avait d'ailleurs contre lui ceux
dont il avait châtié les ridicules ou les
vices, et le nombre en était grand. Il su-

bissait le sort de tous ceux qui ne savent flatter ni le peuple ni les rois. »

**Chez les Romains.** — A Rome, la religion et la loi n'étaient pas séparées. Le respect de la religion se confondait avec celui de la Loi et de la Patrie. Et pourtant cette religion n'était qu'un ensemble de superstitions, mais elle tirait sa force précisément de tout ce qui lui était étranger. Les Romains disaient que c'était affaire aux dieux de venger les injures qui leur étaient adressées. Lucrèce put tout nier de ce qui faisait l'objet des croyances populaires sans courir aucun danger. Cicéron dit à propos de certaines superstitions : « il n'y a pas de vieille femme assez imbécile pour les croire[1]. » On chantait sur les théâtres de Rome : « rien

1. Cicéron, *De la nature des dieux*, II, ch. 2.

n'est après la mort, la mort même n'est rien [1]. » Rappelons encore le trait bien connu que deux augures ne pouvaient se regarder sans rire.

Loin d'exclure les dieux des autres nations, les Romains les adoptaient ; leur piété était à cet égard l'opposée de la nôtre, si toutefois on peut appeler piété un amour de la divinité si peu en harmonie avec son objet. Naturellement ils devaient avoir les juifs en horreur.

« On délibéra, nous raconte Tacite, sur les moyens de proscrire les superstitions que répandent les Egyptiens et les Juifs. Les sénateurs ordonnèrent que quatre mille affranchis infectés de ces erreurs et en âge de porter les armes seraient transportés en Sardaigne pour

1. Sénèque, *Les Troyennes*, acte II, scène III.

défendre cette île contre les brigandages.
*Perte légère*, si l'intempérie du climat les y
faisait périr. Le reste dut sortir d'Italie à
moins qu'avant le jour fixé ils n'eussent ab-
juré *leurs rites* profanes [1]. »

En parlant de l'observation du Sabbat par
les juifs, Sénèque s'exprime ainsi : « et pourtant cette coutume *d'une race exécrée* a si
bien prévalu qu'elle est déjà reconnue par
toute la terre. Les vaincus ont donné leurs
lois aux vainqueurs. Certains juifs connais-
sent les raisons de leurs rites mais la majeure
partie de la nation fait tout cela sans savoir
pourquoi. »

Lorsque les néo-juifs ou chrétiens firent
leur apparition à Rome ; l'empire était en
pleine décadence ; la corruption avait tout

1. Tacite, *Annales*, II, 85.

gagné. Le Christianisme devait trouver à Rome un milieu favorable à son développement comme la semence dans un sol nourri d'engrais. Mais il devait payer sa gloire du sang de ses martyrs.

Les chrétiens avaient tout ce qu'il fallait pour se rendre odieux aux Romains : ils proscrivaient les dieux étrangers, proclamaient l'égalité et la fraternité entre les hommes, formaient une société distincte de la société romaine et se montraient dédaigneux des biens terrestres. Aussi la persécution ne se fit pas attendre et elle fut terrible. Les chrétiens allaient à la mort avec calme et sans effroi. Les bourreaux loin d'être désarmés par une résignation si simple, s'irritaient de leur impuissance. Qu'était-ce d'ailleurs que la mort pour les Romains dont

les jeux étaient devenus des boucheries et
qui n'avaient nullement le respect de la vie
humaine¹ ? Pour rendre la mort plus affreuse,
ils inventèrent d'atroces supplices.

Pendant trois siècles le sang chrétien coula
dans l'empire, et du sang répandu naissaient
de nouveaux chrétiens. Bientôt, il y en eut
partout : leurs mœurs pures et austères, leur
douceur devant la mort, avait fait plus pour
la propagation de leur doctrine que toutes

---

1. « Les combats du Cirque, dit Sénèque, avaient en-
durci le peuple à regarder la mort d'autrui avec indifférence. Dans les entr'actes des spectacles on faisait mourir un gladiateur pour passer le temps. La toute puissance
des empereurs inventait de si atroces supplices que la
mort, dépouillée de cet appareil, perdait son horreur.
Chaque jour on racontait un nouveau suicide, ou un supplice, et personne n'osait frémir. Quand Néron empoi-
sonna Britannicus dans un festin, les convives expéri-
mentés continuèrent de sourire. »

les prédications. Au bout de trois siècles de persécution, le christianisme sortait victorieux de la lutte.

La grande construction romaine était minée de toutes parts par la corruption et, en même temps, sapée par les nations environnantes qui se dégageaient peu à peu de la violente étreinte de Rome et reprenaient leur autonomie. Elle s'écroula, et debout sur les ruines, l'Eglise chrétienne, ayant sauvé et recueilli les restes de la civilisation, vit grandir sa puissance et s'étendre son empire. Les Barbares se trouvaient subjugués par un clergé dont le savoir et l'austérité leur imposaient le respect et la vénération. L'Eglise devint le seul pouvoir fort et incontesté.

**Chez les Chrétiens :** *sectes diverses.* — Dès lors, de persécutés, les chrétiens de-

vinrent persécuteurs. Les Païens en souffri-
rent peu ; leur conversion se fit sans diffi-
culté. Il n'en fut pas de même des sectes is-
sues du Christianisme même. Nul n'a fait
plus de mal aux chrétiens que les chrétiens
eux-mêmes. Ariens [1], Manichéens [2], Schis-

1. « L'erreur d'Arius portait sur le dogme de la Trinité,
c'est-à-dire sur le fond même du Christianisme. Il prétendait que le père et le fils étaient deux substances
distinctes, et que le fils était une créature. C'était précisément le contraire de l'hérésie de Sabellius, qui confondait les personnes de la Trinité. Le mystère de la
Trinité consiste expressément dans l'unité de la substance et la triplicité des personnes (un seul Dieu en trois
personnes, dit le catéchisme). Sabellius pour rendre le
mystère accessible à la raison, sacrifiait la triplicité,
Arius sacrifiait l'unité. »

2. — « L'hérésie de Manès est fondée sur une erreur,
mais sur une erreur philosophique. Elle ne roule pas,
comme l'hérésie d'Arius, sur l'interprétation d'un mystère religieux, Manès n'était pas chrétien : il naquit en
Perse, en 240. Son système consiste surtout à soutenir

matiques, hérétiques furent poursuivis avec âpreté par les orthodoxes auxquels ils opposèrent une vive résistance.

Ils furent ruinés, persécutés, exilés, condamnés à périr par divers supplices... On les retrouve plus tard sous le nom d'Albigeois, et toujours persécutés.

*
* *

L'Eglise parvenue à l'apogée de sa puis-

que le monde résulte d'une lutte entre le bon et le mauvais principe ; que le bon principe est analogue à la lumière, et le mauvais aux ténèbres. Ayant plus tard connaissance de l'Évangile, il donna le nom de Satan au principe du mal et s'annonça lui-même comme étant le *Paraclet* (Saint-Esprit) et un nouvel apôtre de Jésus. C'est ainsi qu'il s'introduisit dans le christianisme et dans l'Empire où le christianisme était alors persécuté...»

(Jules Simon, *La liberté de conscience.*)

4

sance subit, en ce qu'elle a d'humain, la loi
commune. Son ambition ne connut plus de
frein. Empruntant l'aide de la puissance temporelle pour assurer son autorité, elle consti-
tua la forme de gouvernement la plus absolue,
la forme théocratique, c'est-à-dire le gouvernement de Dieu même. A partir de ce moment, elle proclama son infaillibilité dans le
domaine des choses de l'esprit ; elle décida
ce qu'il fallait croire et ce qu'il fallait reje-
ter. Toute idée nouvelle lui sembla une usur-
pation sur ses attributions, une atteinte à
l'ordre immuable et parfait qu'elle avait établi et qui s'étendait aux choses profanes.
Elle persécuta avec rage, et on vit alors le
singulier contraste de ministres d'une religion d'amour transformés en bourreaux,
brûlant ceux qu'ils ne pouvaient convaincre.

Persuadée qu'elle était dépositaire de toute vérité, ayant d'autre part à son service la puissance temporelle, non seulement elle ne pouvait tolérer des opinions différentes des siennes mais la logique voulait qu'elle imposât celles-ci et qu'elle proscrivît la liberté de penser au nom de ce qu'elle appelait la liberté de faire le bien. Elle voulait assurer le bonheur des hommes même contre leur volonté. La torture devenait l'instrument du salut. Elle devait plus ta.. l régulariser et consacrer en quelque sorte la persécution par l'institution d'un tribunal qui prêtait à un déni de justice l'apparence d'un châtiment légal. Pendant des siècles, ce tribunal féroce essaya, mais en vain, de dompter les esprits indépendants.

* *
*

Les persécutions se renouvelèrent, toujours les mêmes, à chaque hérésie ou à chaque schisme, parce que l'Eglise n'admet pas l'interprétation et la discussion sur certains points. Tandis que la raison ne s'accommode pas des mystères, l'Eglise déclare que le mystère est une vérité révélée par Dieu, à laquelle on doit croire bien qu'on ne puisse la comprendre.

*
* *

*Abélard.* — Au douzième siècle, un théologien philosophe, Abélard, enseignait avec éclat à Paris. Il puisait sa doctrine dans celle de Pélage[1] et se trouvait en contradiction avec l'Eglise.

1. Pélage était un moine anglais qui prétendait : 1° que

« Héros de roman dans l'Eglise, dit Cousin, bel esprit dans un temps barbare, chef d'école et presque martyr d'une opinion, tout concourt à faire d'Abélard un personnage extraordinaire. »

« C'était vraiment une foule studieuse, dit d'autre part Guizot, qui se pressait à ses leçons à Paris, sur la montagne Sainte-Geneviève, à Melun, à Corbeil, au Paraclet; mais cette foule ne venait guère du peuple; la plupart de ceux qui la formaient étaient déjà, ou devaient bientôt, à des titres divers, en-

l'homme peut vivre sans péché ; 2º qu'il n'y a point de péché originel ; 3º que l'homme peut arriver au bien sans le secours de la grâce ou que, si elle est nécessaire, c'est en ce qu'elle rend le bien plus facile. Il fut, au cinquième siècle, un précurseur de Luther. Au fond, dit Jules Simon, toutes les hérésies sont une lutte, au nom de la liberté et de la raison, contre les mystères imposés.

trer dans l'Eglise. Il en était des discussions
élevées dans ces réunions comme des personnes qui s'y rendaient ; on n'y fondait pas
des sectes ; les leçons d'Abélard, les questions
qu'il traitait étaient des leçons et des questions religieusement scientifiques...... »

« .... Les chefs de l'Eglise, saint Bernard
en tête, ne tardèrent pas à découvrir, dans
ces interprétations et ces commentaires
scientifiques, des dangers pour la simple et
pure foi chrétienne ; le rationalisme naissant
leur apparut en face de la saine orthodoxie.
Ils étaient, comme tous leurs contemporains,
complétement étrangers à la seule idée de la
liberté de la pensée et de la conscience[1].... »

On poursuivit Abélard, il fut jugé, condamné, emprisonné dans un monastère, on

1. Guizot, *Histoire de France.*

voulut lui fermer la bouche, — cette bouche dont saint Bernard disait, s'il ne fau-
drait pas la briser à coups de bâton. —
Toutefois la lutte ne prit pas ce caractère de
férocité qu'elle avait eu et qu'elle devait avoir
en d'autre circonstances.

\*
\* \*

L'interprétation d'un texte des Ecritures,
une simple opinion scientifique pouvait fournir matière à une accusation. Ainsi, la terre
devait être immobile au centre de l'Univers,
et le mouvement du soleil une réalité au
lieu d'une apparence; — le soleil devait être
incorruptible, et, dès lors, l'existence des
taches sur cet astre, se trouvait en con-
tradition avec la doctrine de l'Eglise. — De là

les poursuites contre Galilée et sa con-
damnation par le Saint-Office. La science
sapait les préjugés : l'Eglise s'attaqua à la
science et aux savants.

La moindre divergence, un mot changé
dans une définition soulevait des colères vio-
entes et des haines vigoureuses, et suffi-
sait pour faire condamner le contradicteur
au bûcher. On le vit bien par le supplice
d'Etienne Dolet [1].

La mort seule n'aurait pas suffi pour obte-

---

1. Il fut condamné, dit-on, pour trois mots. Ayant
traduit *l'Axiochus*, dialogue dans lequel Socrate parlant
de ce qui arrive après la mort, dit à son interlocuteur
ces mots : « *tu ne seras plus* », il traduisit : « tu ne seras
plus rien du tout. » Ces trois mots *rien du tout* le firent condamner à être brûlé, non sans avoir été préa-
lablement torturé. Il fut martyrisé à Paris, sur la place
Maubert, en 1846.

nir soit des aveux soit des rétractations : la torture précéda la mort.

Les moines inquisiteurs imaginaient des cruautés inouies dont le récit seul fait frémir pour arriver à leurs fins. Certaines victimes innocentes, vaincues par la douleur, se reconnaissaient ainsi coupables de crimes imaginaires. Un avocat célèbre disait à ce propos : La torture interroge et la douleur répond.

Ils auraient dû pourtant comprendre qu'un aveu arraché par la souffrance n'est qu'un mensonge. Mais la passion obscurcit le jugement et les bourreaux finissent par s'enivrer du sang versé. Le sang appelle le sang. Aujourd'hui, si, dans une certaine mesure, la torture physique est abolie, la torture morale est pratiquée. Est-elle moins odieuse et moins dure ? Voici un père de famille qu'on place dans la pénible alternative de sacrifier ses croyances ou de renoncer à une situation, seule ressource qui lui permette de faire vivre les siens! N'est-ce point là une torture cruelle ? De quel droit fouille-t-on dans la conscience de cet homme et lui demande-t-on compte de ses pensées intimes?

*Croisade contre les Albigeois.* — Les bourreaux n'étaient pas seuls cruels, ni même les gens grossiers et ignorants. La croisade contre les Albigeois[1] fut organisée et conduite par des prêtres : les massacres

1. La doctrine des Albigeois différait peu de celle de protestants. La révolte des esprits contre les excès de Rome provoquaient l'éclosion des sectes. Le nom d'Albigeois venait de la ville d'Albi.

de Béziers[2] et de Carcassonne[3] sont restés célèbres.

2. Quand les croisés arrivèrent avec le légat devant Béziers, dit un historien contemporain, le comte de Béziers vint au Légat pour obtenir qu'on épargnât la ville. Le légat exigea l'abjuration des Albigeois ou sinon tous périraient protestants et catholiques. Les Albigeois répondirent qu'ils aimaient mieux déplaire au pape qui ne pouvait perdre que leur corps qu'à Dieu qui pouvait perdre corps et âme...

La ville prise, les prêtres, moines et clercs sortirent de la grande église de Béziers, avec la bannière, la croix et l'eau lustrale, têtes nues, revêtus de leurs ornements d'église, chantant le *Te Deum...*

Les pèlerins, auxquels le légat avait ordonné de tuer tout, se ruèrent au travers de cette procession faisant voler têtes et bras de prêtres à qui mieux mieux, tellement qu'ils y furent mis tous en pièces.

Dans l'église Sainte-Madeleine, il fut tué ce jour-là jusqu'à sept mille Albigeois qui s'y étaient réfugiés ; ils égorgèrent presque tout, nul ne fut épargné, ni les femmes, ni les enfants, ni les vieillards et livrèrent la ville aux flammes.

Ce fut au sac de Béziers qu'on entendit ces paroles

Pendant cette lutte effroyable entre le Nord et le Midi, qui était en même temps une guerre civile et une guerre de races, catholiques et hérétiques firent à tour de rôle assaut de vio-

tristement célèbres de l'abbé de Cîteaux, Arnauld Amalric, aux soldats qui lui ayant demandé comment ils pourraient distinguer ceux qu'il fallait épargner : « tuez toujours, dit-il, le seigneur saura reconnaître les siens. »

3. En ce temps-là, la cité (de Carcassonne) était estimée place très forte. Il s'y jeta un grand nombre d'Albigeois. Les pèlerins (croisés) furent vigoureusement repoussés une première fois. Le jeune seigneur de Carcassonne se signala disant à ses sujets qu'ils se souvinssent du traitement de ceux de Béziers. Le légat fit donner un assaut au Bourg de Carcassonne et mit tout à feu et à sang. Le roi d'Aragon voulut s'entremettre entre le légat et le seigneur de Carcassonne, mais le légat osa demander que la population de Carcassonne, hommes, femmes, filles et enfants devaient sortir nus, sans chemise. Ils voulaient éviter ainsi de perdre la part de butin que les habitants auraient pu emporter. Le seigneur refusa avec indignation.

lences, mais les catholiques avaient commencé les hostilités. Toulouse était alors une vieille et florissante cité et un foyer brillant de civilisation ; nulle ville de France n'aurait pu lui disputer la suprématie. Les gracieuses populations du Midi succombèrent écrasées par les demi barbares du Nord. Des pays dévastés, des populations décimées et suppliciées, des villes brûlées, tel fut le bilan de cette atroce guerre qui laissa pour un longtemps la division et la haine entre les enfants d'une même patrie.

*
* *

*Massacre des Hussites et des Vaudois.* — Aux meurtres accomplis dans la furie de la bataille succédèrent ceux consommés froi-

dement, avec des raffinements de cruauté et
un simulacre de justice, par le tribunal de
l'Inquisition. La délation fut organisée partout et jusque dans l'intérieur des familles.
Les frères s'espionnaient mutuellement, les
enfants devaient observer les actes ou écouter les paroles de leurs parents. Nulle sécurité et partant nul abandon, nulle confiance.
On fit appel aux sentiments les plus bas, on
employa la terreur ou les moyens de séduc-
tion. Dès qu'une personne était dénoncée,
l'arrestation suivait de près, la torture venait
à la suite et enfin la mort. Toute mésintelli-
gence pouvait devenir l'occasion d'une ven-
geance, et celle-ci était terrible. Passons ra-
pidement sur cette succession de massacres ;
surmontons l'horreur et le dégoût qui nous
oppressent. La Bohême inondée du sang des

Hussites [1] fut transformée en un désert; Les
bourreaux étaient lassés, mais non satis-
faits, car l'hérésie n'avait pas été vaincue.

* *
*

Ce fut ensuite le tour des Vaudois, confon-
dus par les persécuteurs avec les Albigeois
dont-il ne différaient guère que par le nom [2].
Le clergé avait la même haine pour tous ceux
qui blâmaient son amour des richesses.

« Ces Vaudois étaient tranquilles et réser-

1. Ils tenaient leur nom de Jean Huss, célébre recteur
de Prague, en 1409, qui attaqua le culte de la Vierge et
des saints, les indulgences, etc., et fut brûlé, en 1415.

2. Ce nom leur venait de celui du fondateur de la
secte. Les Vaudois étaient répandus dans toute l'Europe
depuis l'an 1100. Leur doctrine différait peu de celle des
protestants modernes et ils la propageaient malgré
tous les potentats. (De la Ropelinière.)

vés, payaient fidèlement les impôts, la dîme
et les revanches seigneuriales, ils étaient d'ailleurs fort laborieux, on ne les inquiétait point
au sujet de leurs habitudes et de leurs doc-
trines[1]. » Les réformés étrangers leur ayant
reproché de tenir leur culte secret, ils le pra-
tiquèrent publiquement et furent aussitôt persécutés[2].

Deux hommes se distinguèrent par leur
cruauté, le Baron d'Oppède et son digne
émule, le Baron de la Garde. Du 7 au
25 avril 1845, deux colonnes de troupes, sous
les ordres, l'une de d'Oppède lui-même, l'autre du baron de la Garde, mirent à feu et à
sang les trois districts de Mérindol, de Cabrières et de la Coste, peuplés surtout de

1. Le moine Justin, *Guerres du Comtat.*
2. J.P. Perrin, *Histoire des Vaudois.*

Vaudois. On peut imaginer tous les crimes; il n'y en eut aucun qui ne fût commis. Trois petites villes et vingt-deux villages furent saccagés de fond en comble, 763 maisons, 89 étables et 31 granges incendiées, 3000 personnes massacrées, 255 exécutées après les massacres, sur un simulacre de jugement, 6 à 700 envoyées aux galères, beaucoup d'enfants vendus comme esclaves. Les lâches vainqueurs, en se retirant, laissèrent derrière eux une double ordonnance du parlement d'Aix et du vice-légat d'Avignon, défendant que nul, sous peine de la vie, osât donner retraite, aide, secours, ni fournir argent ni vivres à aucun Vaudois ou hérétiques. Cela se passait sous le règne de François Ier, à cette époque brillante qu'on a appelée *la Renaissance*.

En 1550, sur la plainte de madame de Cental, au nom de ses vassaux égorgés, d'Oppède, de la Garde et d'autres furent poursuivis, mais ce fut le moins coupable, l'avocat général Guérin, qui seul fut condamné à mort.

*Les protestants.* — La Réforme venait de naître. Luther, avec une heureuse audace, avait bravé tous les pouvoirs, s'était séparé de l'Eglise romaine et avait fondé le christianisme réformé ou le protestantisme. Ce fut l'occasion de nouvelles persécutions. « Jean Chastellain, cordelier, un ardent wallon de Tournay, fut brûlé à Metz, le 12 janvier 1525. C'est le premier martyr du protes-

tantisme français. Sa mort en suscita un autre, le cardeur de laine, Jean Leclerc, réfugié
en Lorraine [1]. »

Jean Leclerc, se trouvant à Meaux, et
voyant une bulle d'indulgence affichée à la
porte de la cathédrale, l'avait arrachée et y
avait substitué un placard où le pape était
traité d'antechrist. Il est arrêté et condamné
à être fouetté publiquement trois jours de
suite, d'abord à Paris, puis à Meaux, et là,
marqué au front par le fer rouge, en présence de sa mère [2].

1. Michelet, *Histoire de France.*

2. « Après cette exécution, il se retire à Rosal, puis à
Metz. Là, il apprend qu'une procession doit avoir lieu.
Il s'en va briser les statues des Saints devant lesquels
les processionnaires doivent faire leurs dévotions. On le
saisit et il fut condamné à un horrible supplice : on lui
coupa le poing, on lui arracha le nez, on lui déchira les
mamelles, on lui ceignit la tête de deux cercles de fer

Louis de Berquin, un gentilhomme, et des plus distingués par le savoir, l'élévation de sentiments et la pureté des mœurs, protégé par Marguerite, la sœur du roi, ne fut pas épargné ; signalé comme appartenant au parti des réformateurs, il est poursuivi mais sauvé. Quelques années plus tard, à la requête de l'évêque d'Amiens, il est de nou-

rouge, puis on le fit *brûler à petit feu.* Et pendant ce temps, il chantait à haute voix le verset du psaume 115 :

Leurs idoles sont or et argent.
Ouvrages de mains d'homme.

Pierre Leclerc, son frère, également cardeur, fut le premier ministre protestant français, et fit de nombreux prosélytes. Un jour de 1546, la maison où priaient les protestants fut cernée, on en prit soixante dont quatorze furent brûlés vifs en présence de leurs femmes et de leurs enfants, forcés d'assister à l'exécution. Le peuple applaudissait et les insultait.

Théodore de Bèze, *Histoire de l'église de Meaux.* T. I. 67. Guizot, *Histoire de France.*

veau arrêté et condamné à un horrible supplice.

« Conduit au supplice, dit Erasme, aucun
signe de trouble ne parut, ni sur son visage,
ni dans l'attitude de son corps ; il avait le
maintien d'un homme qui médite dans son
cabinet sur l'objet de ses études, ou dans un
temple sur les choses célestes[1]. Même lorsque
le bourreau, d'une voix farouche, proclama
son crime et sa peine, la constante sérénité
de ses traits ne fut en rien altérée. Quand l'ordre fut donné de descendre de la charette,
il obéit vivement, sans hésiter ; néanmoins

1. En allant au bûcher, à la place de Grève, il portait
une robe de velours, des vêtements de satin et de da-
mas, et des chausses d'or. « Hélas ! disaient quelques-
uns en le voyant passer, il est de noble lignée, très grand
clerc, expert en science et subtil, et néanmoins il a
failli. »

il n'y avait rien en lui de cette audace, de
cette arrogance qu'inspire quelquefois aux
malfaiteurs leur naturel sauvage ; tout en
lui faisait voir la tranquillité d'une bonne
conscience. Avant de mourir, il fit un discours au peuple ; mais personne n'en put
rien entendre, si grand était le bruit que faisaient les soldats, d'après les ordres qu'ils
avaient, dit-on, reçus [1]. »

\*
\* \*

En 1547, les Protestants français n'étaient
encore que des individus isolés, épars, sans
lien de foi ni de discipline généralement ac-
cepté et pratiqué, sans chefs éminents, et
reconnus. Calvin fondait alors à Genève l'or-

1. Érasme, *Lettres.*

ganisation ecclésiastique du protestantisme
et condamnait au feu son ami Servet. L'intolérance, on le voit, n'est pas l'apanage d'une
croyance particulière : elle est dans la nature
humaine.

En 1555, l'église protestante s'établit en
France et les persécutions commencèrent ou
plutôt continuèrent [1].

1. Le 4 septembre 1557 sur le soir, ils s'assemblèrent à
l'hôtel de Berthomier, rue Saint-Jacques (en face du col-
lège du Plessis) pour y prier Dieu et y célébrer la Cène.
Les voisins l'ayant su, prirent des armes et des pierres,
les attendirent à la sortie pour les accabler.....

« .....Il courut divers bruits au sujet de cette assemblée nocturne. On disait que ces gens s'assemblaient la
nuit pour y faire la débauche et qu'après le repas ils
commettaient des choses horribles..... »

« ..... Personne n'osa prendre la défense de ces mal-
heureux de peur d'être accusé des mêmes crimes..... »

Le Parlement envoya au bûcher Clinet, professeur de
l'université, et Gravelle, avocat au Parlement. La démol-

Tandis que les cris de souffrance se font
entendre, on écoute avec bonheur quelques
voix qui rappellent les esprits à la saine interprétation des livres saints, à la justice, à
la douceur, à la fraternité, mais qui malheu-
reusement crient dans le désert. C'est celle
du chancelier de l'Hospital et celle plus auto-
risée encore de Montluc, évêque de Valence,
qui, aux *Etats d'Orléans* (1560) s'exprime
comme on va voir avec un rare bon sens :

« Je trouve extrêmement étrange, dit-il,
l'opinion de ceux qui veulent qu'on défende
le chant des psaumes et donnent occasion aux
séditieux de dire qu'on ne fait plus la guerre
aux hommes, mais à Dieu, puisqu'on veut

selle Philippine Luns fut étranglée. Le médecin Le Cône
Gambard, Robusiez, Dainville furent martyrisés et brûlés.
(De Thou, *Histoire universelle*).

empêcher que ses louanges soient publiées
et entendues de chacun. Si l'on veut dire
qu'il ne faut point les traduire en notre langue
commune et vulgaire à tout le pays, il faut
qu'ils disent pourquoi l'église les a fait traduire en langues grecque et latine, et ce,
au temps que ces deux langues étaient vul-
gaires et communes, la grecque en la Grèce,
la latine en Italie, et en autres pays où les
Romains avaient autorité. S'ils maintiennent
qu'ils sont mal traduits, il vaudrait mieux
marquer les fautes pour les corriger que de
condamner tout l'œuvre qui ne peut être que
bon, saint et louable [1]. »

A partir de 1562, ce ne sont que massacres : massacres des protestants par les ca-

---

[1]. (Recueil de pièces originales concernant la tenue
des États généraux).

tholiques ( Vassy, Gaillac, Troyes), massacres des catholiques par les protestants (Nîmes). Des deux côtés, c'est le Christ qu'on
invoque, le Christ qui a dit : paix sur la terre
aux hommes de bonne volonté.

Dans Paris même, les protestants sont traqués, poursuivis et s'enfuient, abandonnant
leurs maisons et leurs biens, dont s'empa-
rent aussitôt les misérables pour lesquels
les querelles religieuses ne sont qu'un pré-
texte. Enfin, le 24 août 1572, jour de la
Saint Barthélemy, eut lieu le grand massacre resté célèbre et odieux.

*
* *

Ce jour-là, à l'aube, tandis que les protestants pleins de quiétude, sommeillent encore,

le tocsin sonne et de toutes parts des groupes armés descendent dans la rue, pénètrent
dans les maisons des protestants et massa-
crent tous ceux qui s'y trouvent sans avoir
égard à l'âge ou au sexe. Plus de dix mille
personnes de toutes conditions furent massacrées en deux jours. On frémit encore aujourd'hui au souvenir de cette boucherie, de
ce lâche assassinat d'une partie de la nation
par l'autre, accompli par l'ordre d'un roi et
d'une reine qui venaient ensuite se repaître
de la vue des cadavres[1].

La France imita Paris. Le désordre fut
terrible à Orléans où les protestants avaient

1. On jetait les corps des victimes devant le château
(Louvre) sous les yeux du roi, de la reine et de toute la
cour, et les dames venaient en foule avec encore plus
d'impertinence que de curiosité considérer ces cadavres nus.                     (De Thou, *Histoire universelle*.)

ruiné la plupart des églises. Angers, Bour-
ges, Lyon, Troyes, etc., imitèrent Orléans.
Le Rhône charia les cadavres et ses eaux furent teintes de sang.

Les massacres continuèrent en septembre
et même en octobre[1].

Détournons nos regards de cette page san-
glante de notre histoire; que l'horreur qu'elle
nous inspire puisse au moins servir à nous
rendre tolérants.

Le croirait-on, il se trouva des hommes
pour faire l'éloge de cette abominable tuerie
et en féliciter le Roi. Mais ces éloges ne devaient pas lui épargner les remords. L'histoire nous a conservé le récit de sa doulou-
reuse agonie et de ses terreurs au moment de
paraître devant le juge suprême.

1. (De Thou, *Histoire universelle*, L. 82.)

L'élan était donné, pour un temps la bête féroce qui habite en chaque homme avait été déchaînée ; on prit goût aux assasinats. Il y eut une succession de représailles : la haine entre les protestants et les catholiques était loin de s'éteindre. L'assassinat était ouvertement encouragé par les prédicateurs.

*L'Édit de Nantes.* — Avec l'*Édit de Nantes* (1588) et un peu de lassitude générale, une paix relative s'établit. Toutefois cet Édit ne satisfaisait ni les protestants ni les catholiques. Les protestants pensaient qu'on n'avait pas assez fait pour eux, et les catholiques trouvaient que les protestants étaient traités trop libéralement. Entre autres sujets de mécontentement, les protestants se plaignaient avec raison de ne pouvoir pratiquer leur culte que loin des villes ou dans l'intérieur de leurs demeures.

Qu'auraient pu dire les israélites dont on se préoccupait aussi peu que s'ils n'eussent pas existé et qui demeuraient toujours hors la loi! Le temps n'était pas venu où tous jouiraient d'une liberté complète, où chacun pourrait adorer Dieu dans la forme qui lui conviendrait et en quelque lieu que ce fût, publiquement ou non. L'Édit de Nantes ne suffit donc pas, comme l'avait espéré Henri IV, à pacifier les esprits, et, en établissant une différence dans la liberté dont jouissait chaque culte, il contribuait à rendre plus nette encore leur séparation.

Henri IV n'était pas libre de suivre les ins-

pirations de son bon cœur : il avait à ménager
les catholiques qui ne l'avaient pas vu arriver
au trône sans déplaisir et à se faire pardon-
ner sa conversion par les protestants qui se
montraient exigeants. Il accorda trop et trop
peu, et ne parvint qu'à créer un Etat dans
l'Etat, laissant à Richelieu la tâche ingrate de
supprimer, dans les avantages accordés aux
protestants, ceux qui étaient de nature à
compromettre l'unité de la nation française.

*
\* \*

*Retour à la persécution.* — Louis XIV
commença par rassurer les protestants en
déclarant qu'il maintenait les mesures prises par son aïeul, mais ces bonnes disposi-
tions durèrent peu, et on peut croire que

la déclaration manquait de sincérité. De tout côté, dans son entourage, ecclésiastiques et laïques le circonvenaient, lui persuadant qu'il ferait œuvre pie et rendrait service à l'Etat, en ramenant les hérétiques dans le giron de l'église catholique. Peu à peu il se laissa gagner ; il commença par refuser aux protestants les faveurs dont il disposait, donnant ainsi à entendre que ces faveurs seraient le prix de l'abjuration. Duquesne, un de nos plus illustres marins, sinon le plus illustre, ne fut ni vice-amiral, ni maréchal de France, malgré ses éclatants services, parce qu'il était protestant [1]. Cette injustice criante était pourtant moins hon-

1. Les Corsaires algériens l'appellaient le vieux capitan français qui a épousé la mer et que l'ange de la mort a oublié. Il obtint la permission de résider en France sans être inquiété. « J'ai rendu soixante ans à César ce que

teuse et moins révoltante que les récompen-
ses accordées à ceux qui avaient la lâcheté
d'abjurer pour gagner les bonnes grâces du
Roi. Qu'espérait-on conquérir par de semblables moyens, sinon des âmes basses et vé-
nales? Les consciences qu'on achète ne valent
jamais le prix qu'on les paie ! De nos jours,
non plus, elle ne sont pas rares, les abjurations obtenues à prix d'argent.

Progressivement et insensiblement, les li-
bertés accordées aux protestants par l'Edit
de Nantes leur furent retirées par des moyens
détournés et peu dignes d'un grand monar-
que. Des entraves furent apportées à l'exer-
cice de leur culte, on leur imposa des démar-

je devais à César, dit-il, il est temps de rendre à Dieu ce
qui est à Dieu ». Ses enfants passèrent à l'étranger. On
leur refusa le corps de leur père lorsqu'il mourut, en 1688.

6

ches humiliantes, on leur ferma l'accès de certaines carrières, on leur interdit la pratique de diverses professions. Il n'y eut sortes de tracasseries irritantes, d'exactions odieuses qu'on n'inventât pour les réduire.

« On nous traite comme les ennemis du nom chrétien, » écrivait Jurieu[1], à la date de 1662, on nous défend l'approche des enfants qui viennent au monde ; on nous bannit des barreaux et des facultés ; on nous défend l'usage de tous les moyens qui nous pouvaient garantir de la faim, on nous abandonne à la haine du peuple, on nous ôte cette précieuse liberté que nous avons achetée par tant de services, on nous enlève nos enfants qui sont une partie de nous-mêmes..... Som-

1. Jurieu, d'abord pasteur à Mer, puis à Rotterdam où il s'était réfugié.

mes-nous Turcs ? Sommes-nous infidèles ? »

*Les dragonnades.* — Un des moyens les
plus féroces de les tourmenter fut imaginé
par Louvois : les fameuses dragonnades,
(1681) de sinistre mémoire. Des dragons, des
soudards, le rebut de l'armée, furent logés
chez les protestants dont on voulait hâter la
conversion, avec permission de tout faire sauf
de les mettre à mort ; de ne les point laisser
un seul instant en repos, de manière à les
lasser, les étourdir, les effrayer, les affoler.
Ces *missionnaires bottés,* comme on les ap-
pela, s'acquittèrent de leur tâche avec zèle et
se livrèrent à tous les excès : outrageant et tor-
turant des femmes, emprisonnant et fouet-
tant les hommes, traquant sur les chemins
ceux qui cherchaient à fuir et à s'expatrier.

Louvois écrit à Marillac, intendant du Poitou, « Sa Majesté a appris avec beaucoup de joie le grand nombre de gens qui continuent à se convertir dans votre département. Elle désire que vous continuiez à y donner vos soins; elle trouvera bon que le plus grand nombre des cavaliers et officiers soient logés chez les protestants; si, suivant une répartition juste, les religionnaires pouvaient en porter dix, vous pouvez leur en faire donner vingt. »

Dans une lettre à d'Aubigné, son frère, Madame de Maintenon lui dit : « Je vous prie d'employer utilement l'argent que vous allez avoir : les terres en Poitou se donnent pour rien, la désolation des Huguenots en fera encore vendre. Vous pouvez aisément vous établir grandement dans cette province. »

Un historien contemporain raconte que

l'intendant de Béarn, Foucauld, excitait les soldats à tourmenter les habitants des maisons qu'ils occupaient, « leur commandant de tenir éveillés ceux qui ne voudraient pas se rendre à d'autres tourments. Les dragons se relayaient pour ne pas succomber eux-mêmes au supplice qu'ils faisaient subir à d'autres. Le bruit des tambours, les blasphèmes, les cris, le fracas des meubles qu'ils jetaient d'un côté à l'autre, l'agitation où ils tenaient ces pauvres gens pour les forcer à demeurer debout et à ouvrir les yeux, étaient les moyens dont ils se servaient pour les priver de repos. Les pincer, les piquer, les tirailler, les suspendre avec des cordes ; les étendre sur des charbons allumés et cent autres cruautés étaient les jouets de ces bourreaux ; tout le plus fort de leur étude était de trouver des tourments qui fussent douloureux sans être mortels, réduisant par là leurs hôtes à ne savoir ce qu'ils faisaient et à promettre tout ce qu'on voulait pour se tirer de ces mains barbares. »

Le duc de Noailles écrivait à Louvois : « Les villes de Nîmes, Alais, Uzès, Villeneuve et quelques autres sont entièrement converties. Les plus considérables de Nîmes firent abjuration dans l'église le lendemain de notre arrivée. Il y eut ensuite un refroidissement, mais les choses se remirent dans un bon train par quelques logements que je fis faire chez les plus opiniâtres. »

C'est pendant cette persécution que M. de Bâville commit un acte de sauvagerie qui se passe de commentaire ; il fit mettre trois cents enfants en prison à Uzès, puis les envoya aux galères. Les femmes se trouvaient en un jour sans maris, sans enfants, sans maison et sans biens. Elles restaient iné- branlables[1].

Il est vrai que ce bourreau ne faisait qu'exécuter les ordres venus de haut, comme des lettres en font foi.

*
* *

*Révocation de l'Édit de Nantes.* — En- fin, la mesure fut comblée par la révoca-

1. « Sur ce que j'ai représenté au Roi, écrit Louvois, le peu de cas que font les femmes du pays (Languedoc) des peines ordonnées contre celles qui se trouvent à des as- semblées, S. M. ordonne que celles qui ne seront pas *demoiselles* (nobles) seront condamnées par M. de Bâville au fouet et à être marquées de la fleur de lys. » (*Lettre du 22 juillet.*)

tion de l'Edit de Nantes, le 22 Octobre 1685.
On vit alors des enfants arrachés à leurs parents ; les parents enchaînés avec des criminels, dirigés vers les galères à coups de bâtons, des ministres du culte mis à mort. Il n'était pas permis aux protestants de fuir[1] ; ils n'avaient d'autre alternative que le martyre ou le déshonneur. Grâce à des travestissements, un grand nombre parvinrent à gagner les pays étrangers, tantôt vêtus en pélerins, tantôt en chasseurs, en paysans, en valets, en soldats. Sur 72.000 protestants provençaux de Mérindol, la Genève de Provence, de Cabrières, de Lourmarin, 15.000 purent s'expatrier[2].

1. Arrêté de 1686.
2. Le duc de la Force refusant de se convertir est em-

*
* *

*Révolte dans les Cévennes.* — Las de souffrir, poussés à bout, ils se réunirent dans les Cévennes s'armèrent et combattirent, non sans succès, contre les troupes en-

prisonné; le marquis du Bordage est arrêté par des paysans au moment où il allait passer la frontière avec sa famille, sa femme est blessée d'un coup de fusil. Sa femme, sa belle-sœur et lui sont internés chacun dans une citadelle. On fait revenir les enfants à Paris où ils seront élevés dans la religion catholique. D'autres par contre, se convertissaient ou simulaient la conversion : le marquis de Belzunce, la dame Lance-Rambouillet évaluent leur conscience à 2000 francs de rente; Vivans, ancien brigadier de Cavalerie se cote à 2000 écus de pension (*Mémoires de Dangeau,* 25 novembre 1685 et 8 et 24 janvier 1686).

Il y avait un tarif établi par Pélisson, le renégat qui était chargé des négociations et tenait registre des pensions (*Éclaircissements sur les causes de la Révocation,* I,7.) « Ce diacre et bénéficier faisait imprimer des prières pour la messe et des bouquets à Iris. Il apportait tous les trois mois une grande liste d'abjurations à sept ou huit écus la pièce, et faisait accroire à son roi que quand

voyées pour les soumettre. Tour à tour vainqueurs ou vaincus, ils se livraient à des représailles qu'on s'explique sans les justifier.
Le sang français coula des deux côtés au
grand dommage du pays.

Ce fut en 1702, que le féroce abbé du
Chayla, archiprêtre des Cévennes, ayant exas-
péré par ses cruautés les Cévenols, ceux-ci se
révoltèrent et vinrent assiéger le château de
l'archiprêtre. Ils s'emparèrent du château
qu'ils incendièrent, égorgèrent ceux qui s'y

il voudrait, il convertirait pour les Turcs au même
prix. » (Voltaire, *De la tolérance*).

L'honnête Vauban disait dans un mémoire à Louvois
« que le projet de convertir par la violence est exécra-
ble, contraire à toutes les vertus chrétiennes, morales et
civiles, dangereux pour la religion même puisque les
sectes se sont toujours propagées par la persécution.... » Mais Louvois ne continuait pas moins à trom-
per le roi en lui persuadant que les conversions s'ac-
complissaient naturellement et sincèrement, et en flattant
son goût pour l'unité en toute chose du gouvernement.

trouvaient, délivrèrent les prisonniers. Du Chayla, qui s'était blessé en se sauvant, se cachait derrière un buisson lorsqu'on le trouva. Alors commença une scène effroyablement dramatique. Les uns après les autres vinrent le frapper en le maudissant : Voilà, disait l'un, pour mon père expiré sur la roue, voilà, disait un autre, pour mon frère envoyé aux galères, voilà, disait un troisième, pour ma mère morte de chagrin, voilà, dit le suivant, pour mes parents en exil. Il reçut cinquante deux blessures; les derniers ne frappaient plus qu'un cadavre....

Ainsi commença la guerre des Cévennes. Les Cévénols étaient commandés par Roland et Jean Cavalier. Ce dernier avait dix-huit ans, c'était un enfant. Le comte de Broglie fut envoyé contre eux et fut battu. Il y eut ensuite une série d'actes de barbarie commis tantôt par les troupes, tantôt par les Cévenols. Tour à tour protestants et catholiques étaient victimes, les vengeances se succédaient et bientôt le pays fut dévasté et perdit une grande partie de ses habitants.

Après plusieurs années de luttes, Villars put opérer la pacification.

« Je me mis en tête de tout tenter, dit Villars dans ses mémoires, d'employer toutes sortes de voies, hors celle de ruiner une des meilleures provinces du royaume, et même que si je pouvais ramener les coupables sans les punir, je conserverais les meilleurs hommes de guerre qu'il y ait dans le royaume. Ce sont, me disais-je, des Français très braves et très forts, trois qualités à considérer. »

D'autre part, il écrivait à Chamillard :

« Nous avons affaire ici à un peuple bien extraordinaire qui ne ressemble à rien de tout ce que j'ai connu, vif, turbulent, emporté, susceptible d'impressions légères comme profondes, tenace dans ses opinions. Joignez à cela le zèle de la religion aussi ardent chez l'hérétique que chez le catholique et vous ne serez plus surpris que nous soyons souvent très embarrassés...... gens d'ailleurs sur lesquels la peine de mort ne fait pas la moindre impression ; ils remercient dans le combat ceux qui la leur donnent ; ils marchent au supplice en chantant les louanges de Dieu et exhortant les assistants.... »

Qu'avaient donc fait ces gens pour être traités plus durement que les criminels les plus endurcis ? Ils vivaient paisiblement, enrichissant le pays par leur industrie et

leur travail, coupables seulement de n'être
point catholiques, au milieu d'une nation
catholique, sous un Roi qui voulait l'unité
en tout, dans la religion comme dans le gouvernement.

Voilà où en était la liberté de conscience à
l'époque la plus brillante de notre histoire,
lorsque de grands écrivains et d'illustres
savants jetaient sur la France un éclat incom-
parable, au milieu d'une société élégante,
polie, spirituelle, et qu'on était en droit de
croire humaine et logique. On reste surpris
et indigné non seulement que de pareils
crimes aient pu être commis mais qu'ils
aient été hautement loués par d'éminents
prélats comme Bossuet[1], Massillon, Fléchier;

1. « Touchés de tant de merveilles, s'écriait Bossuet,
épanchons nos cœurs sur la piété de Louis. Poussons

etc., et par une femme d'un esprit aussi élevé que Madame de Sévigné.

« Le père Bourdaloue, écrit-elle, s'en v⁀⁀, par ordre du Roi, prêcher à Montpellier et dans ces provinces où tant de gens se sont convertis sans savoir pourquoi. Le père Bourdaloue le leur apprendra et en fera de bons catholiques. Les dragons ont été de très bons missionnaires jusqu'à présent, les prédica-

jusqu'au ciel nos acclamations, et disons à ce nouveau Constantin, à ce nouveau Théodose, à ce nouveau Marcien, à ce nouveau Charlemagne ce que les six cent trente pères, dirent autrefois dans le concile de Chalcédoine : Vous avez affermi la foi, vous avez exterminé les hérétiques ; c'est le digne ouvrage de votre règne, c'en est le propre caractère. Par vous, l'hérésie n'est plus. Dieu seul a pu faire cette merveille. Roi du ciel, conserve le roi de la Terre ; c'est le vœu des églises, c'est le vœu des évêques. » (*Oraison funèbre de Le Tellier.*)

teurs qu'on envoie rendront l'œuvre parfaite[1]. »

« Vous avez vu sans doute, l'édit par lequel
le roi révoque celui de Nantes. Rien n'est si
beau que tout ce qu'il contient et jamais aucun
roi n'a fait et ne fera rien de si mémorable. »

Par quelle singulière aberration une
femme d'aussi grand mérite qui aux raffinements de l'esprit joignait toutes les délica-
tesses du cœur en arrivait-elle à louer l'extermination d'un peuple par la torture? Mais
que dire d'Arnauld, un janséniste, persécuté
lui-même, qui cependant trouvait que, si les
mesures étaient *un peu violentes*, elles n'é-
taient *nullement injustes?* De pareilles in-
conséquences demeurent incompréhensibles,

1. Bourdaloue s'acquitta d'ailleurs de sa tâche avec un
zèle et une douceur évangéliques.

à moins que le fanatisme ne produise une éclipse temporaire du sens moral et même du sens commun [1]. Ne sait-on pas que les diverses facultés de l'âme peuvent être cultivées et développées d'une manière indépendante. Un écrivain éminent, un illustre savant, peut manquer d'honnêteté et d'humanité; par contre, les pauvres d'esprit nous étonnent souvent par l'élévation de leurs sentiments et par la sublimité de leur dévouement.

*\
* *

On a souvent répété que le peuple approuvait la persécution, la réclamait même; mais

1. « Il ne fut plus rare, dès lors, d'entendre dans des affaires purement civiles la partie catholique dire : « Je plaide contre un hérétique » et lorsque le protestant se plaignait d'une sentence injuste : « Vous avez un remède

7

ne sait-on pas que la foule, toujours ignorante, se laisse aveuglément entraîner à
tous les excès odieux ou sublimes. Dès lors,
quelle importance attacher à ses sentiments
ou à ses opinions? Nous n'avons pas à remonter bien haut dans notre histoire pour y
trouver des exemples de la fureur populaire
s'exerçant contre des innocents. Dans ce cas,
le devoir d'un gouvernement éclairé est de
ne pas céder à l'opinion, mais de la combattre; le devoir des ministres du culte est de
prêcher la concorde et de faire appel aux
sentiments humains.

\* \*
\*

*Les jansénistes.* — Les protestants écra-

entre vos mains, lui répondait froidement le juge, que
ne vous convertissez-vous ? »

(Ch. Weiss, *Histoire des Réfugiés.*)

sés ou chassés, on pouvait espérer que l'ère des persécutions allait être fermée, que *l'ordre* allait régner en France. Illusion : l'intolérance trouvera d'autres victimes dans les *Jansénistes*[1]. Ils avaient prêté leur appui moral au Roi contre les protestants, ils éprouvèrent à leur tour les effets de l'intolérance. La persécution commencée sous Louis XIV se continue sous Louis XV. La lutte est en réalité entre les Jésuites et les Jansénistes qui, tour à tour, cherchent à gagner l'oreille du Roi. Les Jansénistes battus par leurs adversaires, furent dispersés ou exilés ; *Port-Royal* cessa d'exister. *Port-*

---

[1]. Ils tiraient leur nom du *Jansénisme*, doctrine de Jansen, évêque d'Ypres, mort en 1630, doctrine qui avait un but noble et élevé mais dont l'austérité excessive est incompatible avec la nature humaine. En France, Jansen avait pour collaborateur Saint-Cyran.

*Royal des champs* eut ensuite le même sort :
il s'y trouvait vingt-deux religieuses vieilles
et infirmes qui n'obtinrent pas grâce devant les jésuites. On les dispersa avec un
ridicule développement de force et on rasa
leur maison, ce *nid d'erreurs*. Ce n'est pas
que la différence fût grande entre la doctrine des Jansénistes et celles des Orthodoxes ; elle était surtout dans les mœurs. La
morale pure des Jansénistes, leurs habitudes austères formaient un contraste saisis-
sant avec les manières d'être et d'agir des
Jésuites ; d'où la colère de ces derniers. La
lutte dura un siècle et se termina par l'expulsion des Jésuites. Ils payèrent ainsi leur
triomphe sur le jansénisme. Leur avidité et
leur audace les avaient rendus odieux à tous.
L'ordre fut supprimé dans toute l'Europe.

*Dernières tortures.* — Les persécutions contre les protestants reprirent en 1717. Il y eut de nouvelles émigrations et de nouvelles exécutions. Le 9 Mars 1762 un événement qui se passa à Toulouse émut les esprit. Jean Calas, protestant fut accusé d'avoir tué son fils parce que ce dernier voulait disait-on, abjurer, tandis qu'en réalité il s'était suicidé. Jean Calas périt sur la roue, prenant Dieu à témoin de son innocence et pardonnant à ses bourreaux.

*La tolérance : Voltaire.* — Ce fut pour Voltaire l'occasion de mener contre l'intolérance une vigoureuse campagne, qui lui valut un triomphe. A force de vaillance et de ténacité, il parvint à obtenir qu'on réformât l'arrêt de la Cour et à faire réhabiliter Calas.

« Quel bel emploi du génie! » s'écriait l'ardent Diderot dans une lettre à Mlle Volland. « Un pareil zèle, disait Bonnet de Genève, suffit à couvrir une multitude d'écarts. »

Pendant ce temps, par le cours naturel des choses et l'influence des écrits des Encyclopédistes, les mœurs s'adoucissaient et les derniers actes de cruautés inspirés par le fanatisme, entre autres le supplice du jeune chevalier de la Barre, provoquèrent un mouvement général d'indignation. Décidément les temps étaient changés, grâce surtout à Voltaire. Un souffle de tolérance courait sur le pays. Cette ardente et courageuse lutte lui a mérité l'oubli de plus d'une faute et plus encore que son esprit, lui a conquis, la popularité dont il jouit. « Le voilà, l'homme aux Calas! » criait une femme du peuple, sur son passage, lors de son arrivée à Paris. A cette époque, combien de cœurs ulcérés, de victimes du fanatisme espéraient des temps meilleurs, attendaient dans un avenir prochain une période de réparation! Combien étaient assoiffés de justice et semblaient reprocher à Dieu une attente trop longue.

*       *
*

1789; *Restes d'intolérance.* — La Révolution qui, par ses principes, semblait ouvrir une ère de liberté ne tarda pas à se montrer inconséquente. Après avoir formulé la belle et noble *Déclaration des droits de l'homme* et adopté sa mémorable devise, elle se montra intolérante en religion, en philosophie et en politique.

L'article 1er de la *Déclaration* porte que *les hommes naissent et demeurent libres et égaux en droit.*

Comment, après une semblable déclaration, pourrait-on penser que, par cette expression, les hommes, on ne désignât pas tous les hommes sans distinction de culte? A l'art. 6, il est dit que *La loi doit être la même pour tous, soit qu'elle protége, soit qu'elle punisse, tous les citoyens sont égaux à ses yeux. Tous sont également, admissibles à toutes dignités places et emplois selon leur capacité*; et l'art. 7 est ainsi conçu : *Nul ne doit être inquiété pour ses opinions, même religieuses, pourvu que leur manifestation ne trouble pas l'ordre établi par la loi.* C'était la sagesse même. Qui eût pu croire que le législateur avait volontairement laissé juifs et protestants hors du droit commun! On le vit bien lorsque Rabaud Saint-Etienne, ayant demandé à l'Assemblée nationale, que le culte protestant fût public, sa proposition fut repoussée à une forte majorité et, aussi, lorsque le comte de Clermont-Tonnerre défendit la cause des Juifs. En cette circonstance, l'abbé Maury se montra ignorant, inhumain et injuste envers les juifs [1]. L'abbé Grégoire avec plus de justice et d'élévation, parla en

1. « Il prétend que les Juifs sont une nation à part et que les déclarer citoyens est la même chose que si on faisait cette déclaration pour les Anglais et pour les Danois, que leur paresse et leurs lois les rendent incapables d'être agriculteurs artisans ou d'exercer les fonc-

leur faveur ainsi que Duport, de Sèze, etc[1].

L'*Assemblée constituante*, en s'emparant des biens du clergé, dût en même temps contribuer à l'entretien du culte et accorder un traitement aux prêtres qui devinrent des fonctionnaires. Ce n'était pas la liberté.

Peu de temps après d'ailleurs, tous les cultes étaient abolis et tous les pasteurs proscrits. La guerre, une guerre inique, odieuse, atroce, fut déclarée à tous les prêtres indistinctement et surtout aux prêtres catholiques. Ils étaient poursuivis, traqués, torturés, mis à mort comme l'avaient été les protestants un siècle auparavant, et, tandis qu'on lisait sur les frontons des édifices la belle formule républi-

tions de l'État, qu'ils n'ont jamais été et ne sont encore que des corsaires barbaresques, etc. »

(Assemblée nationale, *Séance du 23 décembre* 1789).

1. Séance du 28 janvier 1790.

caine : *Liberté, égalité, fraternité,* les prisons regorgeaient de victimes et le sang ruisselait sur les échafauds.

*⁎*
*⁎ ⁎*

L'Empire traita avec l'Église catholique. Le traité de paix est ce qu'on a appelé le *Concordat,* qui règle encore maintenant les rapports de l'Église catholique avec l'État; si c'est la paix, ce n'est pas la liberté. Les liens qui unissent l'Église à l'État sont tout naturellement des entraves à la liberté de l'Église. Mais l'Église fait un sacrifice pour obtenir en échange la sécurité et la paix. La liberté ne peut exister qu'avec la séparation de l'Église et de l'État.

Une assemblée (*Sanhédrin*) composée de

rabbins et de notables fut réunie dans le but
d'unifier les cérémonies du culte israélite
avec celles des autres cultes et de délibérer
sur les droits et les devoirs civils des israélites. Le résultat fut précaire. Mais on éprouve
une pénible surprise des questions ridicules
ou odieuses adressées à cette assemblée et
qui montrent la grande ignorance des chrétiens, même instruits, à l'endroit de la religion et des mœurs des israélites, ce qui explique l'animosité dont ceux-ci étaient l'objet.

*
* *

La Restauration amena une réaction dans
un sens favorable au catholicisme, et la
liberté de conscience fut encore méconnue.
La religion catholique fut proclamée *religion*

*de l'Etat* ; les prêtres chrétiens seuls furent
rétribués ; le travail fut interdit le dimanche
pour tous les Français. Le clergé catholique
obtint de l'argent et des terres ; une loi lui
permit de recevoir des dons et des legs ;
l'instruction primaire, d'ailleurs peu dévelop-
pée, était donnée par les congréganistes, et
l'Université fut placée sous l'autorité des
évêques. Les catholiques allaient en procession, sous la conduite des prêtres missionnaires, ériger des croix sur tous les points du
pays. Les communautés religieuses se mul-
tiplièrent. La religion catholique ayant été
proclamée religion de l'État, celui-ci, se
trouvait par ce fait catholique, et dès lors la
loi devait punir les profanations ou les sacri-
lèges comme les plus grands de tous les
crimes, puisque c'étaient des crimes de lèse-

divinité, même s'ils étaient commis par des
incrédules ou des non-catholiques. Le clergé
fit tant qu'il souleva les populations contre
lui et provoqua en grande partie la révolution de 1830.

\* \*
\*

Le Gouvernement de Juillet changea la
formule légale relative à la religion catholique: au lieu de la qualifier *religion de l'État,*
le législateur inscrivit la formule suivante :
*La religion catholique est la religion de
la majorité des Français.* C'était simplement la constatation d'un fait, en supposant
catholiques croyants et pratiquants ceux qui
sont nés catholiques. Voulait-on indiquer par
là que sa qualité de religion dominante de-

vait assurer au catholicisme certains privilè-
ges? Les non-catholiques pouvaient le craindre, les catholiques l'espérer. Quant au culte
israélite, on n'en fit pas mention dans la
charte, mais les mœurs l'emportèrent sur les
institutions, et une loi spéciale en régla bientôt le budget comme celui des autres cultes.

Désormais la liberté des cultes existe à peu
de chose près et les faits d'intolérance qui se
produiront par la suite seront plutôt la
conséquence d'un état de l'opinion publique
que le fait d'une inégalité civile. Ils devien-
dront dans tous les cas plus rares et moins
violents. Toutefois, on ne saurait espérer que
l'intolérance disparaisse définitivement : elle
est dans la nature humaine; ce n'est pas un
simple accident. C'est un mal comme la peste,
un fléau comme la guerre, et, tant qu'il y aura

des hommes, ils seront intolérants. Nous devons en user avec l'intolérance comme avec les
autres maux qui désolent l'humanité, la combattre par tous les moyens dont nous dispo-
sons, avec vigueur, sans trêve ni relâche, sans
espérer de la détruire, mais comme on cir-
conscrit un incendie en faisant la part du feu.

Quelques-uns pensent que l'instruction
obligatoire est un moyen sûr de la vaincre.
L'instruction est une bonne chose, sans doute,
mais si elle peut faire beaucoup de bien, elle
ne saurait tout faire. D'abord, de ce que l'instruction primaire est obligatoire, il ne suit
pas que le bon sens sera universel, et d'ailleurs, ce n'est pas de l'ignorance seule que
vient tout le mal. Étaient-ils des ignorants
ces chefs de gouvernement ou ces prêtres
qui organisèrent les persécutions ou les

encouragèrent ? Les anti-sémites sont-ils des ignorants? L'instruction nous empêche-t-elle de nous emporter dans les discussions et de vouloir imposer nos opinions? Nous, croyons, dans ce cas, agir autrement que les despotes et les inquisiteurs ; nous désirons faire partager nos opinions parce que nous les jugeons bonnes, nous agissons dans l'intérêt de nos adversaires pour leur bien. Les inquisiteurs ne raisonnaient pas autrement; leur but était de conquérir des hommes à la vérité et de leur assurer ainsi une place au ciel, au prix d'un peu de torture sur la terre. Ne pouvant les convaincre, ils voulaient les sauver malgré eux. Or, si nous avons le droit de chercher à éclairer ou à persuader nos adversaires, à les amener à partager nos opinions, là doit s'arrêter notre œuvre de prosélytisme, car nous avons le devoir de respecter les opinions d'autrui.

Les sectes philosophiques ne se montrent-elles pas intolérantes les unes envers les autres, et aussi les écoles scientifiques? Il n'y a de différence que dans le degré d'exaltation et dans la nature des armes employées pour la lutte. Or, ces philosophes, ces savants, si peu respectueux de la liberté d'autrui, ne manquent pas d'instruction.

Est-ce là le prélude de la tolérance universelle?

Encore de nos jours, n'entendons-nous pas des appels constants à la force, et à l'intervention du gouvernement contre de prétendus rebelles. Mais celui qui préconise l'emploi de la force est-il donc sûr de posséder la vérité, et ceux qu'il contraindra seront-ils

sincères dans leur conversion? Est-il rien de
plus monstrueux que d'obliger les hommes à
mettre leurs paroles et leurs actes en contradiction avec leur pensée ?

*<br>* *

Malgré les progrès accomplis, la liberté de
conscience n'existe pas encore complétement,
même en France. Au moins y est-elle reconnue légalement et les tentatives d'intolérance sont-elle réprouvées ; il n'en est pas de
même dans les autres États. Les catholiques
ne jouissent pas complétement de la liberté
de conscience en Angleterre, en Allemagne,
en Suède, en un mot dans les pays protestants. Par contre les protestants n'en jouissent pas davantage dans la catholique Es-

pagne ? Comment les uns et les autres n'ou-
vrent-ils pas les yeux et ne conviennent-ils
pas de pratiquer d'un mutuel accord la maxime de leur maître commun : « Aimez-vous
les uns les autres. » Quant aux israélites, ils
ne sont libres dans aucun de ces pays, et
leurs droits naturels y sont méconnus.

Cependant partout des améliorations ont
été réalisées, mais que de degrés entre la
barbarie et la civilisation ! Non moins que
de nuances entre la nuit sombre et le jour
éclatant. La lumière intellectuelle ne se lève
que lentement sur l'horizon des sociétés humaines. La plupart des peuples n'aperçoi-
vent encore que les clartés de l'aube.

*Situation des Juifs.* — Mais par quelle
incroyable anomalie ces frères ennemis, victimes chacun de leur intolérance réciproque,

s'unissent-ils dans une haine commune contre les juifs, tandis que les uns et les autres
vénèrent la *Bible*, livre sacré des juifs, et
adorent un Dieu né de la race des rois juifs?

Dans les accusations dirigées contre les
Juifs, il est facile de reconnaître autant
d'ignorance que de mauvaise foi : on leur
reproche de vivre à part, de s'isoler; or, on
les a toujours repoussés de toutes parts. Il
n'y a pas longtemps encore que, même en
France, ils étaient forcés de demeurer dans
un quartier déterminé; la nuit venue, on les
y enfermait. Cela se passe encore actuelle-
ment dans nombre d'États européens. En
France, leur quartier particulier se nommait
*la Juiverie*, en Italie, *le Ghetto*. On leur im-
posait le port d'un costume ou d'un objet
qui permît de les reconnaître, et, qui par là

même, les exposait aux avanies, car on ne les distinguait que pour les maltraiter. De vieux israélites français du Comtat Venaissin se souviennent d'avoir porté sous la Restauration une cocarde jaune à leur chapeau et d'avoir été obligés de se découvrir quand la populace leur criait : *chapeau bas, juif*!

On leur a reproché de ne pas s'engager dans des carrières dont on leur interdisait l'entrée. Il y a moins d'un siècle, ils ne pouvaient, même en France, embrasser que certaines professions telles que le commerce, la banque, la médecine. Maintenant que toutes les carrières leur sont ouvertes, non seulement ils y entrent, mais ils s'y font remarquer par leurs talents, et partout la proportion de ceux qui s'y distinguent est relativement considérable. Ils n'arrivent d'ailleurs que par leur intelligence et leur travail. Ils ne jouissent d'aucun privilège. Un certain nombre qui continuent d'exercer les rares professions permises à leurs aïeux y sont naturellement fort habiles par suite de la transmission des aptitudes.

Dans les premières Croisades on se fit un devoir pieux de les massacrer. Le vendredi saint il était d'usage de souffleter un juif à la porte de l'église.

Les rois de France les ont tour à tour protégés et persécutés, utilisant leurs services et dérobant leurs richesses. C'est une longue suite d'iniquités que leur histoire.

En 1380, à l'occasion d'un mécontentement, à propos de nouveaux impôts, des personnes de qualité, qui devaient des sommes considérables aux juifs, imaginèrent, pour s'acquitter facilement, de porter le peuple à demander leur expulsion. Le chancelier répondit qu'il allait en parler au roi. Le peuple se retira, mais le lendemain, des hommes de la classe inférieure, après avoir brisé les caisses des receveurs et lacéré leurs registres, pillèrent les maisons des juifs et eurent soin d'enlever les promesses et obligations consenties par les nobles. Quelques juifs furent tués, les autres trouvèrent un abri dans les prisons du Châtelet [1].

L'année suivante, révolte des Maillotins, et à cette occasion nouveau pillage chez les juifs, enlèvement des lettres et obligations des nobles. Voilà des faits que devraient connaître ceux qui leur reprochent la pratique de l'usure.

1. (Juvénal des Ursins et l'anonyme de St-Denis).

Le sage saint Louis persécuta les juifs. En 1234, une ordonnance déclara leurs débiteurs quittes d'un tiers de leurs dettes ; il leur défendit de les poursuivre, de les faire emprisonner, de faire vendre leurs biens. Il accorda des pensions à quelques-uns qui avaient consenti à recevoir le baptême ; il fit brûler leurs Livres saints. Il les obligea à porter des cocardes rouges, puis il les chassa et fit vendre leurs biens. Voilà le roi dont on a fait un saint.

A peine étaient-ils partis que le commerce languissait et qu'il fallait les rappeler, ce que fit le fils de saint Louis, Philippe-le-Bel. De nouveau chassés, ils furent de nouveau rappelés par Louis X. Les choses se passèrent de même sous les rois suivants. Toujours chassés, toujours rappelés, toujours volés et molestés.

L'intolérance faisait place au brigandage.

N'est-ce pas chose curieuse de voir les mêmes calomnies répandues sur tous les persécutés sans distinction. Ainsi les païens accu-
saient les premiers chrétiens de ce dont les
catholiques accusèrent ensuite les protestants
lorsqu'ils commencèrent à être persécutés.
Les protestants étaient accusés d'immoler les
enfants, et, au lieu d'agneau pascal, de man-
ger un cochon de lait, et voici maintenant que
ces mêmes chrétiens en accusent les juifs.

Récemment encore, en Hongrie, ne les
a-t-on pas accusés d'avoir égorgé une jeune
fille? Souvent, à l'époque de la fête de la
Pâque, on leur attribue le meurtre d'enfants
chrétiens parce que, dit-on, le sang chrétien
leur est nécessaire pour les cérémonies; le
ridicule d'une semblable accusation le dis-

pute à l'odieux. N'a-t-on pas prêché, ne prê-
che-t-on pas de temps à autre des croisades
contre eux, dont la dernière a reçu le nom
d'antisémitisme. L'Allemagne compte des
pasteurs parmi les antisémites. Jésus a-t-il
donc ordonné l'extermination et la torture,
particulièrement contre le peuple dont il a fait
partie? Cette perpétuité dans la haine, conséquence de préjugés funestes, entretient la défiance, la désunion entre les citoyens d'une
même nation, les accoutume à vivre en hosti-
lité permanente préjudiciable à tous leurs
intérêts.

« ... Mais où Jésus, s'écrie Rousseau, avait-il
pris chez les siens cette morale élevée et pure,
dont lui seul a donné des leçons et l'exemple? Du sein du plus furieux fanatisme la plus
haute sagesse se fit entendre, et la simpli-

cité des héroïques vertus honora le plus vil de tous les peuples..... [1]. »

Et comment Rousseau ignore-t-il, lorsqu'il lui eût été si facile de s'en assurer, que cette morale pure et élevée, Jésus l'avait puisée dans la Bible dont il fut un admirable vulgarisateur. N'est-ce pas à ce livre juif que les ministres des cultes chrétiens empruntent le plus souvent les sujets de leurs méditations et de leurs prédications. Comment le peuple qui a donné au monde ce résumé si simple et si substantiel des lois qu'on nomme le *décalogue* serait-il « le plus vil de tous les peuples » ? Est-ce bien à ce père dénaturé qu'il convient de parler ainsi, lui qui aurait dû s'inspirer des exemples d'amour paternel qu'on trouve dans la Bible.

1. J. J. Rousseau, *Emile*, L. IV.

Non seulement les juifs ont souffert de l'intolérance plus qu'aucun autre peuple, mais ils en souffrent toujours. Chrétiens et Mahométans, tous ceux qui lui doivent leurs lois religieuses et leur morale, se sont acharnés contre eux [1].

Ainsi l'humanité qui doit au peuple juif la plus vive gratitude, lui a infligé les plus cruelles humiliations.

[1] « Et quand donc ont-ils désobéi ? quand donc se sont-ils insurgés, même quand on les dépouillait et qu'on les chassait ? Se trouvaient-ils dans les bagnes et les prisons en proportion plus grande que les chrétiens ? Leurs ennemis mêmes s'accordent à rendre hommage à leurs vertus domestiques. La famille juive est restée pure aux époques les plus licencieuses. Paria au dehors, le misérable juif, rentré chez lui, fermait ses portes, cachait sa vie aux ennemis de sa race et de sa foi, et devenait un patriarche. » (Jules Simon, *La liberté de conscience.*)

Si ce peuple a été si ferme dans sa foi, si scrupuleux dans l'observance de sa loi, c'est, nous le répétons, parce qu'il est persuadé de l'origine divine de sa loi. Le Seigneur parle directement à Moïse qui ne fait que transmettre les ordres de Dieu. De là, une confiance et une constance à toute épreuve. Dans son bonheur comme dans ses souffrances, il voit l'intervention attentive de la Providence. Est-il rien de plus logique que de regarder sa situation comme la conséquence de sa conduite [1] ?

*
* *

Les Juifs français savent reconnaître ce

1. N'est-ce pas un fait digne au plus haut point d'être remarqué, que la pensée unique de ce petit peuple ait

qu'ils doivent à la France : ils remplissent
tous leurs devoirs de citoyens. On serait mal
venu aujourd'hui à leur reprocher l'usure
pratiquée également par de nombreux chrétiens qui pourraient les imiter plus heureu-
sement dans leurs habitudes d'ordre, de sobriété et de piété [1]. En Allemagne, les Juifs ne

été exclusivement tournée vers Dieu ! Il en décrit avec
complaisance le temple, il l'orne avec un soin jaloux, il
en fait tout à la fois un temple, une forteresse, une école
et un asile. La Loi et le temple remplissent l'existence
du peuple juif qui a pour mission de répandre la loi
morale. Jésus sera le vulgarisateur de cette Loi ; il est
venu, comme il l'a dit, « non pour l'abolir, mais pour l'ac-
complir. » Est-il nécessaire de chercher ailleurs ce qui a
fait l'importance de ce peuple, ce qui explique sa vita-
lité et ses éléments de résistance ? Les ruines se sont
accumulées autour de lui, les peuples qui dans le passé
l'on asservi sont entrés dans la nuit de l'oubli, tandis
qu'il reste debout, bien qu'il soit disséminé et entouré
d'ennemis.

1. On peut remarquer que l'usure est généralement

jouissent pas encore de la liberté octroyée aux
catholiques et aux protestants. Ils sont même
sous le coup de persécutions intéressées qui
n'ont plus l'excuse d'être inspirées par la foi.

pratiquée envers les débiteurs de mauvaise foi. Les four-
nisseurs qui font de long crédits à leurs clients et sont
exposés à des déboires sont indirectement usuriers par
l'habitude qu'ils ont de vendre leurs produits à un prix
très élevé. Les commerçants ont une tendance toute naturelle à exagérer les prix lorsqu'ils courent des risques.

# CONSÉQUENCES

Il ne suffit pas de proclamer que le droit de penser est chose sacrée et qu'il est criminel d'y toucher ; il ne suffit pas non plus d'avoir exposé les crimes que l'intolérance a fait commettre, il nous reste à montrer les conséquences déplorables de l'intolérance en ce qui touche aux intérêts matériels, afin qu'on soit bien convaincu que, de quelque côté qu'on l'envisage, on la reconnaît comme chose détestable.

Imaginez un pays où la grande majorité des habitants appartient à une religion déterminée et où les autres cultes ne sont pas tolérés, ou ne le sont qu'avec des restric-

9

tions humiliantes, comment pourrait-il exister des liens entre la majorité et une minorité injustement frappée ? Comment cette minorité pourrait-elle accepter de gaîté de cœur la situation qui lui est faite ? Ne serait-ce pas de sa part un aveu d'infériorité ? Elle se soumet à la force, mais ne garde pas moins une sourde irritation contre ses oppresseurs. Nous ne pardonnons pas à qui nous humilie, surtout quand l'humiliation est imméritée. Les membres de la minorité s'unissent d'autant plus étroitement qu'ils sont plus menacés. Ils forment entre eux une association de protection mutuelle et vivent dans un état de défiance et de paix armée vis-à vis de la majorité.

* *

La situation sera profondément aggravée

si ceux qui font partie de la minorité ne peuvent ni aspirer aux emplois publics, ni exercer toutes les professions. Les hommes de
génie, s'il s'en trouve, ou simplement ceux
qui ont des aptitudes spéciales n'en trouvent
par l'emploi, et les avantages qui en auraient été la conséquence sont perdus pour
l'Etat. Autant de mines inexploitées ou de
trésors enfouis. Cette lacune se fait sen-
tir dans les sciences, les lettres et les arts
aussi bien que dans l'industrie et le commerce, en un mot dans toutes les branches de
l'activité humaine, dans toutes les sources de
la richesse, de la force et de la gloire d'une
nation.

*
* *

Si les majorités poussent l'injustice et la

cruauté jusqu'aux dernières limites, si les
minorités se voient pourchassées ou placées
dans une situation telle que la vie leur soit
rendue impossible, elles s'expatrient et vont
chercher à l'étranger un asile sûr et un gouvernement juste. Elles y exportent leur for-
tune, leur savoir, leur expérience, leurs connaissances professionnelles, leur activité, et
enrichissent cette patrie d'adoption de tout
ce dont s'est appauvrie leur patrie d'origine.

\* \*

Pour ne citer qu'un exemple, voulez-vous
savoir ce que nous avons perdu à la révocation de l'*Edit de Nantes*, ce sont des mil-
liers de français, perte difficilement répara-

ble dans un pays où la population s'accroît très lentement.

Louis XIV se montra en cette circonstance inintelligent autant que barbare, et, voyant les protestants s'expatrier, il fut assez cruel pour les empêcher de fuir sans cesser de les persécuter. Ils passèrent la frontière malgré la surveillance rigoureuse exercée par la police et les peines sévères édictées contre eux. Toutes les classes de la nation se trouvaient représentées parmi les fugitifs, nobles, bourgeois et artisans. En Normandie seulement 184.000 protestants sortirent, laissant 26.000 habitations désertes. Rouen perdit 20.000 habitants sur 80.000, Lyon en perdit autant sur 90.000 ; la population tomba à Saint-Etienne de 16.000 à 14.000, à Villefranche de 3.000 à 2.000. Les ouvriers en soieries, en rubans s'expatrièrent. Reims, Rethel, Mézières, Sézanne, Sedan durent fermer leurs manufactures de draps faute d'ouvriers.

On cessa de fabriquer des toiles en Bretagne et dans le Maine. D'après M. de la Bourdonnaie, intendant de Rouen, la manufacture de chapeaux fut ruinée à Caudebec et à Neufchâtel par la fuite des réfugiés. M. Foucart, intendant de Caen, dit que le commerce diminua de moitié dans la généralité. M. de Maupeou, intendant de Poitiers, dit que la manufacture de drogues fut anéantie. M. de Bezons, intendant de Bordeaux, se plaignait que le commerce de Clérac et de Nérac ne subsistât presque plus. M. de Miromesnil, intendant de Touraine, rapporte que le commerce de Tours diminua de dix millions par année. L'intendant de la Rochelle, dit que ce pays s'amoindrit insensiblement [1].

L'armée perdit douze mille soldats et six cents officiers, la marine neuf mille matelots du Poitou et de la Rochelle, les meilleurs de l'État. Nos ennemis les recueillirent avec joie, on leur donna des grades supérieurs à ceux qu'ils avaient en France. L'Angleterre et la Hollande en formèrent des régiments qu'on envoya combattre les troupes du Roi. C'est à partir de cette époque que les revers commencèrent pour Louis XIV. Un maréchal de France, Schomberg, des savants comme Huyghens, Papin, Rœmer, Bayle durent quitter la France et trouvèrent à l'étranger des chaires et des pensions. Les gentils-hommes eurent des charges dans les Cours.

1. (*Mémoires des Intendants en 1698*).

Les uns apportèrent le fruit de leurs recher-
ches ou le bénéfice de leurs découvertes, les
autres, leur expérience militaire, d'autres
encore y divulguèrent les procédés de notre
industrie et de nos arts, que d'éléments de
prospérité perdus pour nous et gagnés par
nos ennemis !

Les manufactures de papier d'Angoulême
furent réduites de 60 à 16. Le nombre des
tanneries de la Touraine de 400 tombèrent à
54 ; de 8000, le nombre des métiers à étoffes
fut réduit à 1200. A partir de ce moment on
consomma dans les villes normandes le peu
qu'on y fabriquait depuis que les manufactu-
riers avaient fui avec leurs ouvriers. Le commerce d'exportation avait cessé. Les protestants fondèrent à l'étranger des établissements
pour le travail de la laine et de la soie, des

usines pour la fabrication de la quincaillerie, des tanneries, etc. Par eux, le Brandebourg devint fertile, et Berlin florissant. L'Allemagne, dévastée par la guerre, leur dut la réparation de ses maux. A Londres, un faubourg tout entier fut bâti par des industriels français qui y fondèrent des manufactures de soie, des cristalleries et des aciéries.

C'est l'émigration qui fit entendre le premier appel aux *Etats-généraux* et prépara la Révolution. Rousseau, Marat, Benjamin Constant descendaient d'émigrés protestants : que de noms français on reconnaît encore à l'étranger ! Hélas ! le nom seul est français aujourd'hui ; on l'a bien vu pendant la guerre de 1870.

\* \*

Telles sont les conséquences d'un seul acte

d'intolérance et dans un seul pays. Qu'on juge
par cet exemple des désastres dus à cette
longue suite d'iniquités poursuivies pendant
dix-huit siècles. Encore aujourd'hui nous
souffrons de la révocation de l'édit de Nantes.
Tout ce que nous avons perdu, l'étranger l'a
gagné ; nous l'avons donc doublement perdu.
Nous marchions à la tête de toutes les nations
civilisées et nous avions sur elle une avance
considérable, nous avons perdu le rang que
nous occupions.

Ce que l'intolérance religieuse avait laissé
debout, l'intolérance politique l'a abattu.
Nous avons nous-mêmes créé, sur le marché,
la concurrence étrangère, et, fourni sur les
champs de bataille, des armes et des soldats
à nos ennemis.

Si nous jetons les yeux chez nos voisins,

nous voyons l'Espagne victime de son intolérance. Malgré la féroce inquisition et le
plus féroce encore Philippe II, elle n'a pas
écrasé les protestants ni les juifs, mais en les
poursuivant à outrance, en les chassant, elle
s'est ruinée, et se voit forcée de les rappeler
pour réparer ses désastres.

L'Angleterre a l'Irlande attachée à ses
flancs comme une tunique de Nessus et
ignore l'issue d'une lutte déjà ancienne.

Partout, ce ne sont que ruines accumulées par l'intolérance.

# CONCLUSION

C'est pour inspirer l'horreur de l'intolérance que nous avons fait connaître les
maux qu'elle a causés et les préjudices graves qu'elle a portés à la Patrie et à l'humanité.

Faute de connaître l'histoire, on ignore
non seulement ces persécutions, mais en
outre qu'elles ont été inutiles, inefficaces,
ces, funestes. Les persécuteurs n'attei-
gnent par leur objet qui est l'extinction
des dissidents. Ils opèrent de fausses conversions, ils encouragent l'hypocrisie, ils
outragent la morale et ils offensent Dieu.

Mais ils n'ont anéanti aucune des sectes persécutées et si, dans le nombre il en est qui ont disparu, c'est en dépit et non à cause de l'intolérance. Seul l'esprit de tolérance peut diminuer le nombre des sectes, effacer les divisions, établir la fraternité entre les hommes, parce que seul il permet la discussion qui éclaire et prépare l'avènement de la vérité, et, partant, de la liberté.

C'est pour montrer l'injustice de l'intolérance que nous avons établi le droit que l'homme a de penser, de faire connaître ses opinions, de pratiquer publiquement son culte. C'est le droit le mieux établi et le moins contestable. On ne saurait le lui dénier non plus que d'empêcher son cœur de battre.

Faute d'avoir le sens philosophique développé par l'instruction, on ignore combien il

est injuste de porter atteinte à la liberté de
penser ; la tolérance ne doit pas consister en
de simples égards volontaires pour les opinions et les personnes ; elle est la reconnaissance d'un droit. Le mot même de tolérance
est mal choisi car on dit d'une chose qu'on la
tolère lorsqu'on la laisse exister bien qu'on
ait le droit de l'interdire.

*
* *

Nous avons montré que toutes les religions
se composent d'un dogme variant d'une religion à l'autre et d'une morale identique pour
toutes ; que les divisions entre les hommes
et par suite l'intolérance et les persécutions
viennent de la diversité des dogmes ou de
celle des interprétations. On ne saurait dès

lors, sans blesser la logique et le bon sens, accorder au dogme, matière discutable, la prépondérance sur le droit évident et sacré de la liberté de conscience.

Au point de vue politique, l'intolérance a pour effet de créer des groupes isolés, ennemis de la majorité de la nation qui les opprime ; elle entretient les divisions et diminue ainsi la stabilité et la force du gouvernement. L'usage de la liberté peut présenter parfois des inconvénients ou susciter des embarras au pouvoir ; ceux-ci ne seront que temporaires, tandis que l'intolérance crée des dangers permanents.

L'ignorance, d'une manière générale, fait accueillir comme vrais de grossiers préjugés dont se servent habilement les persécuteurs pour exciter les masses. C'est donc dans l'instruction que nous devons chercher des armes contre l'intolérance. L'Instruction doit être un moyen, non un but ; un outil, le plus parfait de tous, non l'œuvre même. Elle doit servir à l'éducation, se confondre avec elle à certains moments, et, en même temps qu'elle développe l'intelligence, contribuer à affermir le jugement et à affiner le sens moral. L'instruction ainsi interprétée, et répandue dans la plus large mesure, amènera l'adoucissement des mœurs et la pacification des esprits.

Lorsque le juif espère les temps messianiques, lorsque le chrétien, dans sa prière, prononce ces mots : « que votre règne arrive », l'un et l'autre expriment une aspiration à la paix universelle qu'ils entrevoient dans un avenir indéterminé. L'humanité

tend constamment vers ces temps meilleurs,
tout en constatant, hélas ! la lenteur de sa
marche. Ainsi le voyageur gravit la montagne à pas comptés et se dirige avec confiance
vers un sommet qui pourtant se dérobe à sa
vue.

FIN

# TABLE DES MATIÈRES

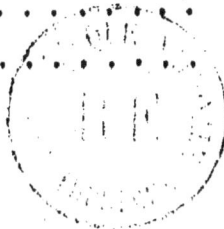

Châteauroux, — Typographie et Stéréotypie A. MAJESTÉ

www.ingramcontent.com/pod-product-compliance
Lightning Source LLC
Chambersburg PA
CBHW031121210326
41519CB00047B/4199